EDA 工程技术丛书

Altium Designer 19 PCB设计官方指南

Authoritative Guide for PCB Design
Based on Altium Designer 19

Altium中国技术支持中心◎编著
Altium China Technical Support Center

清華大学出版社
北京

内 容 简 介

本书是一部系统论述 Altium Designer 19 PCB 基础设计的实战教程(含纸质图书、实战案例、配套视频教程)。全书共 8 章:第 1 章 Altium Designer 19 软件概述,介绍了 Altium Designer 19 软件的特点及新增功能、软件的运行环境、软件的安装与激活、常用系统参数设置,以及系统参数的导出/导入方法;第 2 章工程的创建及管理,介绍了完整工程文件的组成、创建工程各类文件、为工程添加或移除已有文件、快速查询文件保存路径;第 3 章元件库的创建和加载,介绍了元件的命名规范及归类、原理图库常用操作命令、元件符号的绘制方法、封装的命名和规范、PCB 元件库的常用操作命令、封装制作、3D 元件的创建及导入、集成库的制作方法;第 4 章原理图设计流程,介绍了常用参数设置、原理图设计流程、原理图图纸设置、放置元器件、连接元器件、分配元件标号、检测及编译;第 5 章 PCB 设计流程,介绍了PCB 系统参数设置、筛选功能、同步原理图、板框定义及原点设置、层的相关设置、规则设置、视图配置、PCB 布局、PCB 布线;第 6 章 PCB 后期处理,介绍了 DRC 检查、位号的调整、装配图制造输出、Gerber文件输出、BOM 输出、PDF 输出、文件归档;第 7 章 Leonardo 项目实战,主要介绍 Leonardo 开发板的PCB 设计;第 8 章常见问题及解决方法,介绍了原理图及原理图库、封装库和 PCB 设计中的常见问题;附录 A 还提供了 Leonardo 项目所用到的完整原理图、PCB Layout 参考设计、三维 PCB 视图。并配套提供了完整的教学课件及教学视频,可到清华大学出版社网站本书页面下载。

本书适合作为各大中专院校相关专业和培训班的教材,也可以作为电子、电气、自动化设计等相关专业人员的学习和参考用书。

本书由 Altium 公司授权出版,并对书的内容进行了审核。

图书在版编目(CIP)数据

Altium Designer 19 PCB 设计官方指南/Altium 中国技术支持中心编著.—北京:清华大学出版社,2019(2022.1重印)
 (EDA 工程技术丛书)
 ISBN 978-7-302-53003-9

 I. ①A··· II. ①A··· III. ①印刷电路—计算机辅助设计—应用软件—指南 IV. ①TN410.2-62

中国版本图书馆 CIP 数据核字(2019)第 093945 号

责任编辑:盛东亮 钟志芳
封面设计:李召霞
责任校对:时翠兰
责任印制:杨 艳

出版发行:清华大学出版社
　　　网　　址:http://www.tup.com.cn,http://www.wqbook.com
　　　地　　址:北京清华大学学研大厦 A 座　　　　邮　　编:100084
　　　社 总 机:010-62770175　　　　　　　　　邮　　购:010-83470235
　　　投稿与读者服务:010-62776969,c-service@tup.tsinghua.edu.cn
　　　质量反馈:010-62772015,zhiliang@tup.tsinghua.edu.cn
　　　课件下载:http://www.tup.com.cn,010-83470236
印　刷　者:北京富博印刷有限公司
装　订　者:北京市密云县京文制本装订厂
经　　销:全国新华书店
开　　本:185mm×260mm　　　印　张:14　　　　字　　数:321 千字
版　　次:2019 年 7 月第 1 版　　　　　　　印　　次:2022 年 1 月第 7 次印刷
定　　价:69.00 元

产品编号:083653-01

Altium 公司一直致力于为每个电子设计工程师提供最好的设计技术和解决方案。三十多年来,我们一直将其作为 Altium 公司的核心使命。

这期间,我们看到了电子设计行业的巨大变化。虽然设计在本质上变得越来越复杂,但获得设计和生产复杂 PCB 的能力已经变得越来越容易。

中国正在从世界电子制造强国向电子设计强国转型,拥有巨大的市场潜力。专注于创新,提升设计能力和有效性,中国将有机会使这种潜力变为现实。Altium 公司看到这样的转变,一直在中国的电子设计行业投入巨资。

我很高兴这本书将出版。学习我们的设计系统是非常实用和有效的,将使任何电子设计工程师在职业生涯中受益。

Altium 公司新的一体化设计方式取代了原来的设计工具,让创新设计变得更为容易,并可以避免高成本的设计流程、错误和产品的延迟。随着互联设备和物联网的兴起,成功、快速地将设计推向市场是每个公司成功的必由之路。

希望您在使用 Altium Designer 的过程中,将设计应用到现实生活中,并祝愿您事业有成。

Altium 大中华区总经理 David Read

2019 年 3 月

FOREWORD

At Altium we always have been passionate about putting the best available design technology into the hands of every electronics designer and engineer. We have made it our core mission at Altium for more than 30 years.

Over this time we have seen much change in the electronics design industry. While designs have become more and more complex in their nature, the ability to design and produce a complex PCB has become more and more accessible.

China has a great opportunity ahead, to move from being the world's electronics manufacturing power house, to become the world's electronics design power house. That opportunity will come from a focus on innovation and raising the power and effectiveness of the electronics designer. Seeing this transformation take place, Altium has been investing heavily in the design industry in China.

To that end, I am delighted to see this book. It is an extremely practical and useful approach to learning our design system that will surely benefit any electronics designer's career.

Our approach to unified design approach replaces the previous ad-hoc collection of design tools, making it easier to innovate and allows you to avoid being bogged down in costly processes, mistakes or delays. With the rise of connected devices and IoT bringing designs to market successfully and quickly is imperative of every successful company.

I wish you the best of success in using Altium Designer to bring your designs to life and advance your career.

General Manager, China

2019. 3

随着电子工业和微电子设计技术与工艺的飞速发展,电子信息类产品的开发明显地出现了两个特点:一是开发产品的复杂程度加深,即设计者往往要将更多的功能、更高的性能和更丰富的技术含量集成于所开发的电子系统之中;二是开发产品的上市时限紧迫,减少延误、缩短系统开发周期以及尽早推出产品上市变得十分重要。

作为一个强大的、一致的电子开发环境,Altium Designer 已经被构建起来。它包含用户需要的所有高级工具,可以实现高产、高效的设计。Altium Designer 将数据库、元件管理、原理图输入、电气/设计规则、验证、先进的 PCB 布线、原生三维(3D)PCB MCAD 协作、设计文档、输出生成和 BOM 管理统一起来,并将它们融入整洁的用户界面。用户不需要学习几种不同的工具完成工作,而且从工程创建到设计,再到发布的整个过程中不会失去设计数据的保真度。

Altium Designer 独特的原生三维 PCB 引擎是柔性 PCB 设计或刚柔结合板设计的最佳选择,通过全三维建模,可以在提高工作效率的同时减小设计误差。Altium Designer 还是企业级电子设计管理平台,项目内部管理、跨部门协同、生产数据发布管理等都可以在这个平台上找到适合的解决方案。

最新版本的 Altium Designer 19 采用时尚、新颖的用户界面,简化了设计流程,可以显著提高用户体验和设计效率,同时通过 64 位多线程架构实现了前所未有的性能优化。

1. 现代化的界面体验

新的、内聚的用户界面提供了一个全新的、直观的环境,并使其最优化,使用户的设计工作流程能够获得无与伦比的可视化。属性面板结合了属性对话框和监视器(inspector)面板,通过选择过滤器、文档/快照选项、快捷方式和对象属性简化了对对象属性和参数的访问过程;库面板可以快速搜索和放置元件,同时整合来自一百多家经过验证的供应商的相关供应链数据;板层及颜色面板为用户提供了自定义板层比例、显示或屏蔽、三维对象,甚至是系统颜色可视化的完整功能。

2. 强大的 PCB 设计

64 位体系结构和多线程任务优化,让用户可以比以前更快地设计和发布大型、复杂的电路板。设计大型、复杂电路板时,确保不会出现内存不足的情况;并且利用更高效的算法显著提高了许多常见任务(包括在线 DRC、原理图编译、多边形铺铜和输出生成)的执行速度,大大缩短了设计时间。

3. 快速和高质量的布线能力

视觉约束和用户指导的互动结合,使用户能够跨板层进行复杂的拓扑结构布线——以计算机的速度布线,以人的智慧保证质量。ActiveRoute 提供了用户导向的布线自动化，以便在被定义的层范围内进行布线和调整，从而以机器的速度获得人类的高质量效果。

4. 原生 3D PCB 设计环境

PCB 的真实三维（3D）和实时渲染的视图包括通过直接连接 STEP 模型实现的 MCAD-ECAD 协同设计、实时的三维安全间距检查、二维和三维模式的显示配置、正交投影以及二维和三维 PCB 模型的纹理渲染。PCB 编辑器也支持导入机械外壳，从而实现精确的三维违规检测。

5. 功能强大的多板设计系统

许多产品包括多个互连的印制电路板，将这些电路板组装在外壳内部并确保它们正确连接到一起是产品开发过程中具有挑战性的阶段。这需要一个支持系统级设计的设计环境。利用 Altium Designer 的系统级多板工程，用户可以在其中定义功能逻辑系统，也可以定义将各种电路板连接在一起的空间，并在逻辑和物理上验证它们连接的正确性。

6. 简化的 PCB 文档处理流程

Draftsman ® 文档工具提供了快速的、自动化的制造和装配文档。它可以直接将所有必需的装配和制造视图与实际源数据放在一起，以便更新；还可以除去另一个产品，并从用户的设计工作流程中分离各环节，以生成相应的制造和装配图纸。用户只需按 Next（下一个）按钮，所有图纸就会更新以匹配源数据，而不需要文件交换。

为了让设计者更好地应用 Altium Designer 19 开展电子系统设计工作，Altium 中国技术支持中心编写了此书。书中详细介绍了 Altium Designer 19 的各种高级功能及其应用，并给出了多个进阶实例的具体操作步骤，以供读者学习和参考。

在此特别感谢 Altium 中国大学计划负责人华文龙先生和市场部经理凌燕女士对本书的编著、整理和出版进行牵头、组织并给予支持。感谢来自志博教育的李崇伟先生作为本书的顾问专家，在编写过程中协助提供了大量的实操案例和创新建议。感谢 Altium 中国技术支持部经理胡庆翰团队的宋彩霞女士、清华大学出版社的盛东亮老师和钟志芳老师协助审稿并提出宝贵意见。特别鸣谢我们忠实的合作伙伴——亿道电子对本书的出版所给予的大力支持。

如果书中存在错误和不妥之处，敬请读者批评指正，也欢迎读者拨打 400-012-8266 咨询 Altium Designer 的售后使用及维保、续保问题。

Altium 中国技术支持中心

2019 年 3 月

目录

目录

几乎所有的电子产品都包含一个或多个 PCB（印制电路板）。PCB 是所有电子元器件、微型集成电路芯片、FPGA 芯片、机电部件及嵌入式软件的载体。PCB 上元件之间的电气连接是通过导电走线、焊盘和其他特性对象实现的（基本上都是铜皮层的叠加，每个铜皮层包含成千上万复杂铜皮走线）。PCB 设计越来越复杂，需要更强大的电子自动化设计软件支持。Altium Designer 19 作为新一代的板卡级设计软件，具有简单易用、功能强大、与时俱进的特点，其友好的界面环境及智能化性能为电路设计者提供了最优的服务。为了便于读者进一步学习 Altium Designer，并获取更多电路设计方面的技术文档与教学视频，可以关注 Altium 官方微信公众号。

本章介绍最新版的 Altium Designer 19 软件，包括 Altium Designer 19 的特点及新增功能、安装和激活步骤，以及常用系统参数的设置，帮助读者了解并掌握该软件的基本结构和操作流程。

学习目标：

- 了解 Altium Designer 19 软件的特点及新功能。
- 掌握 Altium Designer 19 的安装与激活。
- 掌握常用系统参数的设置及导入与导出。

1.1 Altium Designer 19 软件介绍

Altium 公司（前身为 Protel 国际有限公司）于 1985 年在澳大利亚创立，致力于开发基于个人计算机（PC）的辅助工程软件，为印制电路板提供辅助设计。Altium Designer 作为新一代的板卡级设计软件，基于 Windows 界面风格，同时其独一无二的 DXP 集成平台技术也为电子设计系统提供了原理图、PCB 版图及计算机辅助制图等多种编辑器的兼容环境。

基于 64 位 Windows 操作系统的全新 Altium Designer 19 已正式发布，其结合了 ECAD 库、规则、BOM、供应链管理、ECO 流程和世界一流的 PCB 板级电路设计工具。运用 ActiveBOM 实时 BOM 报表和 Altium Vaults 数据保险库功能，如图 1-1 所示。设计者能随时查看元器件的供应链信息，有效提高了整个设计团队的生产力和工作效率，节省了总体成本、缩短产品上市时间。

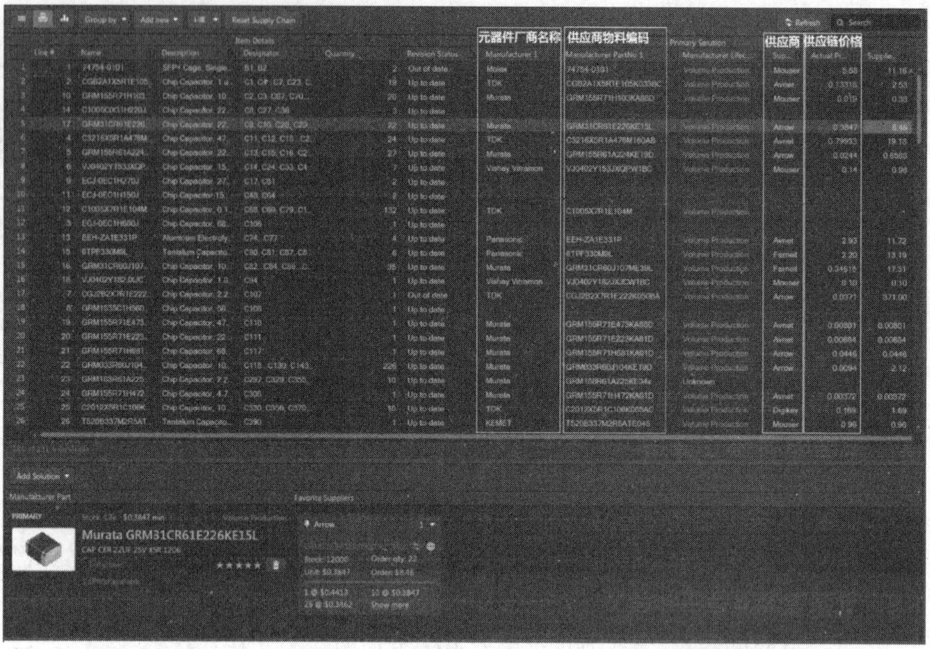

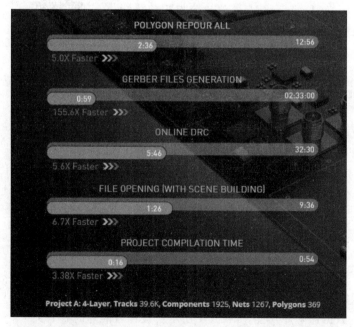

图 1-1　ActiveBOM 实时 BOM 报表

Altium Designer(AD)19 时尚的用户界面、卓越的性能优化,显著地提高了用户体验和效率。Altium Designer 19 结合 64 位体系结构和多线程,实现了 PCB 设计更好的稳定性、更快的速度和更强的功能。如图 1-2 所示为 Altium Designer 19 与 Altium Designer 16 的性能对比。

图 1-2　Altium Designer 19 与 Altium Designer 16 的性能对比

1.2 Altium Designer 19 的特点及新增功能

1.2.1 Altium Designer 19 的特点

Altium Designer 19 能够创建互连的多板项目并快速、准确地呈现高密度、复杂的 PCB 装配系统,其时尚的用户界面,以及增强的布线功能、BOM 创建、规则检查和制造相关辅助功能的更新,使用户具有更高的设计效率和生产率。具体体现在以下几个方面。

(1) 互连的多板装配。多板之间的连接关系管理和增强的三维引擎使用户可以实时呈现设计模型和多板装配情况,显示更快速、直观、逼真。

(2) 时尚的用户界面。全新、紧凑的用户界面提供了一个全新而直观的环境,并进行了优化,可以实现无与伦比的可视化设计工作流程。

(3) 强大的 PCB 设计。利用 64 位 CPU 的架构优势和多线程任务优化使用户能够更快地设计和发布大型复杂的电路板。

(4) 快速、高质量的布线。视觉约束和用户指导的互动结合使用户能够跨板层进行复杂的拓扑结构布线,以计算机的速度布线,以人的智慧保证质量。

(5) 实时的 BOM 管理。链接到 BOM 的最新供应商元件信息使用户能够根据自己的时间表作出有根据的设计决策。

(6) 简化的 PCB 文档处理流程。可以在一个单一、紧密的设计环境中记录所有装配和制造视图,并通过链接的源数据进行一键更新。

1.2.2 Altium Designer 19 新增功能

Altium Designer 19 新增了很多功能,显著地提高了用户体验和效率,其核心功能如图 1-3 所示。

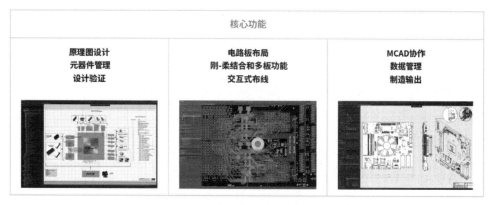

图 1-3 Altium Designer 19 核心功能

下面详细说明新增功能。

- 采用了新的 DirectX 3D 渲染引擎,带来更好的 3D PCB 显示效果和性能。
- 支持 64 位操作系统,具有更好的内存读写性能,支持更大的内存空间。

- 重构了网络连接性分析引擎,在变更板内 GND 网络布线时,避免了因 PCB 板较大使屏幕上出现 Analyzing GND 提示而严重影响速度的问题。
- 文件的载入效率比前期版本有大幅度提升。
- 优化了 ECO(Engineering Change Order)及移动元件性能。
- 提升了交互式布线速度。
- 利用多核多线程技术,使得工程项目编译、铺铜、DRC(Design Rule Check)检查、导出 Gerber 等速度得到了大幅度提升。
- 加快了二维、三维视图界面切换。
- 降低了系统内存及显卡内存的占用。
- 更快的 Gerber 导出性能。以一块板载大约 9000 个元器件的 26 层板 PCB 版图导出 Gerber 数据为例,相比 Altium Designer 前期的版本,Altium Designer 19 的性能至少提升 4～7 倍。

除了性能的改善,Altium Designer 19 还有一些新功能的提升。

- 支持多板系统设计。
- 增强 BOM 清单功能,并进一步增强了 ActiveBOM 功能,确保前期设计中调用元器件数据的可靠性,有效避免产品返工。

1.3　Altium Designer 19 软件的运行环境

为了发挥 Altium Designer 19 卓越的 PCB 板级设计功能,用户运行 Altium Designer 19 时计算机配置应不低于以下要求。

1. 硬件条件

(1) 高性能台式计算机。最低配置:2.4GHz 多核处理器,4GB 内存,1GB 独立显存,16GB 硬盘,兼容 DirectX10。

(2) 高带宽网络路由。最低配置:20Mb/s 宽带网络,100/1000Mb/s 路由器。

2. 软件配置

(1) Microsoft Windows 7 或 Windows 10 的专业版(Professional)或旗舰版(Ultimate)。

(2) IE11 或以上版本。

(3) Adobe PDF Reader 10 或以上版本。

(4) Microsoft Excel 2003 或以上版本。

1.4　Altium Designer 19 软件的安装和激活

1.4.1　Altium Designer 19 的安装

Altium Designer 19 软件是基于 64 位 Windows 操作系统开发的应用程序,推荐安装在具有 64 位的 Microsoft Windows 7 或 Windows 10 专业版(Professional)或旗舰版

(Ultimate)的计算机上。

安装前先关闭防火墙和杀毒软件；如果有加密软件，应做好设置规避对安装文件的限制。Altium Designer 19 的安装过程十分简单，具体安装步骤如下。

（1）双击运行 AltiumDesigner19Setup. exe 文件，弹出 Altium Designer 19 的安装界面，如图 1-4 所示。

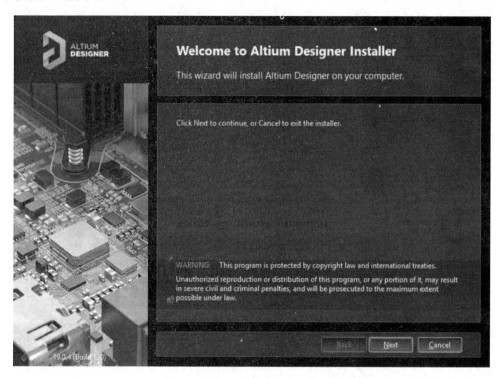

图 1-4　Altium Designer 19 安装界面

（2）单击 Next(下一步)按钮，弹出 License Agreement(安装协议)对话框。选择需要的语言，勾选 I accept the agreement(同意协议)复选框，如图 1-5 所示。

如果是在线安装，需要输入 AltiumLive 账户密码，如图 1-6 所示；如果是离线安装，则不会弹出相关窗口。

（3）单击 Next 按钮，进入 Select Design Functionality(功能选择)对话框，勾选需要安装的各模块。黑色打钩部分是默认安装的模块，灰色打钩部分是安装了此模块的部分子模块，不打钩的是默认不安装的模块，用户可以根据自身需要灵活选择需要安装的模块。图 1-7 中有 5 种类型，用户可以全部勾选，也可以保持系统默认的选择。

（4）单击 Next 按钮，进入 Destination Folders(安装路径)对话框，在该对话框中，用户需要选择 Altium Designer 19 的安装路径。系统默认的安装路径为 C:\Program Files\Altium\AD19，用户也可以通过单击路径右边的文件夹图标自定义软件的安装路径，如图 1-8 所示。

（5）确定好安装路径后，单击 Next 按钮，弹出 Ready To Install 对话框，如图 1-9 所示。确认后单击 Next 按钮，此时会弹出 Installing Altium Designer 对话框，显示软件安装进度，如图 1-10 所示。由于系统需要复制大量文件，所以需要等待几分钟。

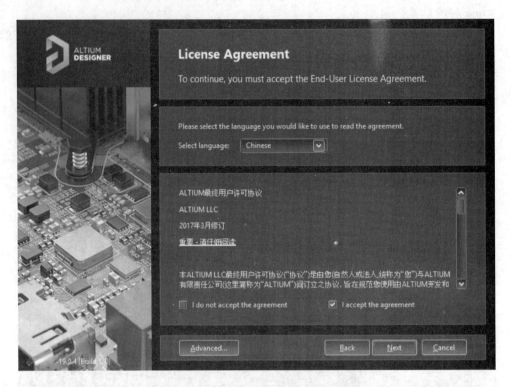

图 1-5　License Agreement（安装协议）对话框

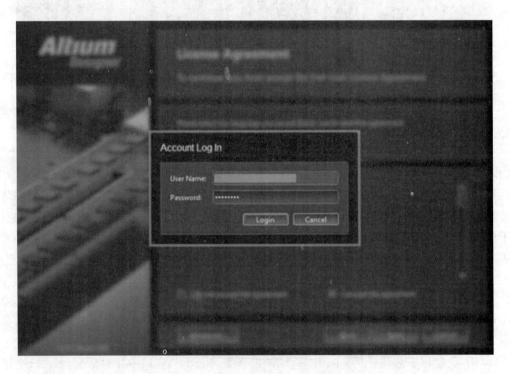

图 1-6　输入 AltiumLive 账户密码

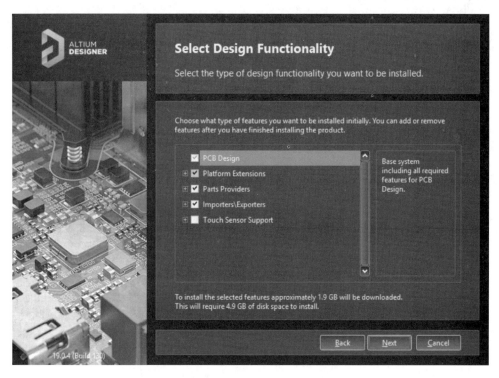

图 1-7　Select Design Functionality（功能选择）对话框

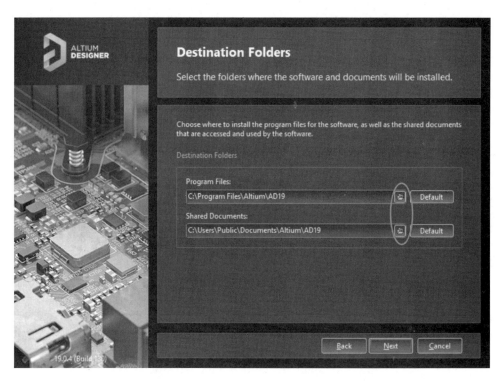

图 1-8　Destination Folders（安装路径）对话框

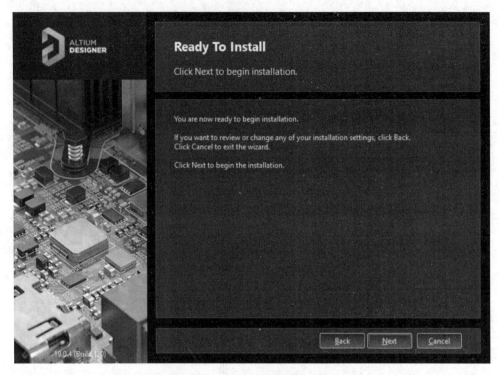

图 1-9　Ready To Install 对话框

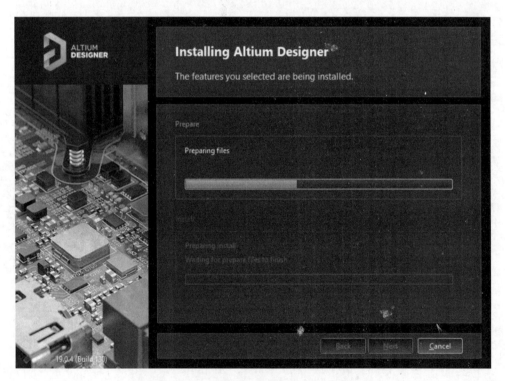

图 1-10　Installing Altium Designer 对话框

（6）安装结束后，会出现 Installation Complete（安装完成）对话框，如图 1-11 所示。此时，先不要运行软件，取消勾选 Run Altium Designer 复选框，单击 Finish 按钮完成安装。接下来，准备激活服务器。

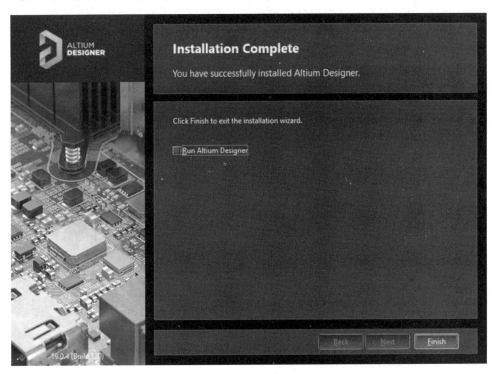

图 1-11　Installation Complete（安装完成）对话框

1.4.2　Altium Infrastructure Server 基础结构服务器的安装与激活

对于需要在多个工作站上运行 Altium Designer 19 软件的公司，需要在企业级管理 Altium Designer 软件授权（License）的部署、配置和用户许可。Altium 公司开发了 Altium 基础结构服务器（AIS）——一种基于服务器的免费 Altium 软件授权管理解决方案，基于 Altium Server Foundation 平台构建。

安装在本地公司网络上时，新服务器可以集中控制 Altium 软件的离线安装、许可和更新，以及软件用户的管理和所属的角色（用户组）。

基础结构服务器提供的服务包括：

- 用户配置文件管理和用户角色分配。
- 客户端连接服务——会话管理、LDAP 同步。
- 私人许可服务——软件许可证获取、分配和跟踪。
- 网络安装服务——软件安装包的获取、捆绑、网络部署。

1. 服务器安装

Altium 基础结构服务器（AIS）可以通过 Altium 公司官网（www. altium. com）下载，

运行于 Windows 7(或更高版本)专业版或旗舰版。

通过从源文件 Altium_Infrastructure_Server_[version]. zip 中提取并运行 Altium Infrastructure Server < version number >. exe 可执行文件激活安装 Infrastructure Server,如图 1-12 所示。服务器安装向导将指导用户完成整个过程。

图 1-12　服务器安装向导

按照向导提示确认或编辑安装位置和 Web 服务器访问端口,如图 1-13 所示。

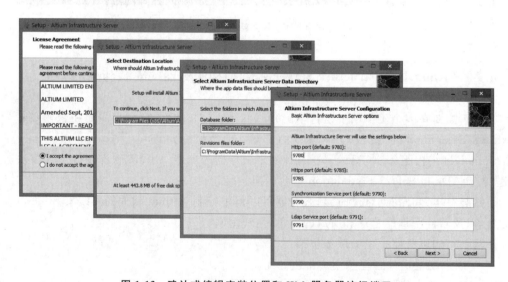

图 1-13　确认或编辑安装位置和 Web 服务器访问端口

完成服务器的配置后,即可继续安装。最终向导对话框中将显示本地 PC 上的服务器 Web 地址,用于标准网页(网址以 http 开头)和安全网页(网址以 https 开头)访问,如图 1-14 所示。

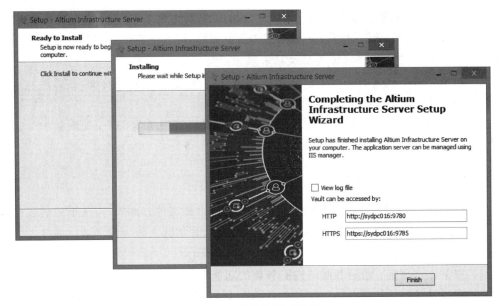

图 1-14 最终向导对话框

2. 服务器许可

初次访问基础结构服务器时,应使用默认的用户名(User Name：admin)和密码(Password：admin)登录,如图 1-15 所示。以后使用时,应更改用户名和密码。

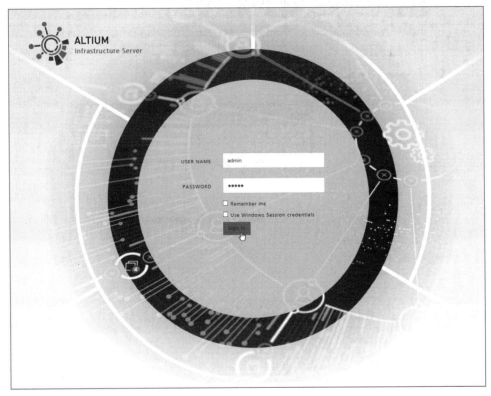

图 1-15 访问基础结构服务器

登录后,在主页的顶部出现提示信息,指出服务器未取得许可。单击关联的 Add License(添加许可证)超链接以打开基础结构服务器的"许可证管理器"页面,然后从 Add License 下拉列表中选择许可证类型及其来源。

- From File(从文件):浏览并选择本地 PC 硬盘上的可用许可证文件。这是 Infrastructure Server 获得许可的常用方式。
- From Cloud(从云端):连接到 AltiumLive 许可证服务器门户,获取组织可用的许可证。

3. 应用服务器许可文件

选择 From File 选项,导入基础结构服务器的许可证文件。例如,可从下载的安装文件(＊.zip)中浏览并找到适用的许可证文件(＊.alf),并将其上传到服务器。服务器需要两种类型的许可证才能实现完整的功能,如图 1-16 所示。

- 服务器许可证:激活基础结构服务器的功能和服务。
- 客户端访问许可证(CAL):使组织内的软件用户能够通过网络访问基础结构服务器。

图 1-16　导入服务器许可文件

　　然后，在 Altium Infrastructure Server 的"许可证管理器"页面中选择列出的许可证，将其注册导入。要激活服务器的所有功能，应注销后重新登录，如图 1-17 所示。

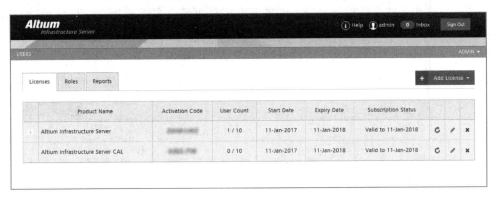

图 1-17　许可证管理器

4. 从云端获取软件许可证

　　Altium Infrastructure Server 提供了对 Altium 的私有许可服务(PLS)，可以获取、配置和分配公司用户或用户组(角色)的许可"席位"。PLS 提供了对许可证租赁模式、许可证漫游、许可证使用日志记录以及用户(LDAP)同步和实时通知等的控制。

　　管理和分发 Altium 软件许可证到网络工作站的第一步是通过 AltiumLive 门户从 Altium 基于云的许可证服务器上获取这些许可证。这是通过服务器的"许可证管理器"页面，从 Add License 下拉列表中选择 From Cloud 选项实现的。

　　只有有效的 AltiumLive 用户账户才能从云端访问和获取许可证。要建立与 AltiumLive 许可证服务器的初始连接，可在 AltiumLive 登录对话框中输入用户名和密码，然后单击 Sign in 按钮完成登录，如图 1-18 所示。此处假设基础结构服务器可以访问互联网。

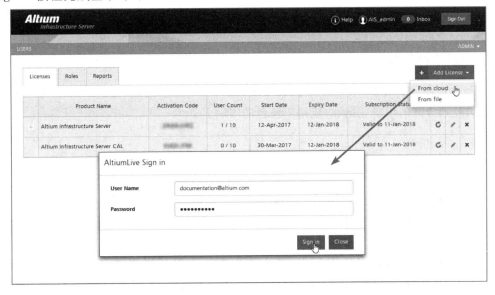

图 1-18　AltiumLive 登录对话框

　　一旦与远程 Altium 许可证服务器建立连接,公司可用的所有许可证都将列在 Add License(添加许可证)对话框中。

　　通过勾选相关的复选框选择服务器要获取的许可证。要下载指定的许可证,可单击 Add 按钮,打开 Add License(添加许可证)对话框。然后,在 Altium Infrastructure Server 的"许可证管理器"页面中选择并获取许可证,如图 1-19 所示。

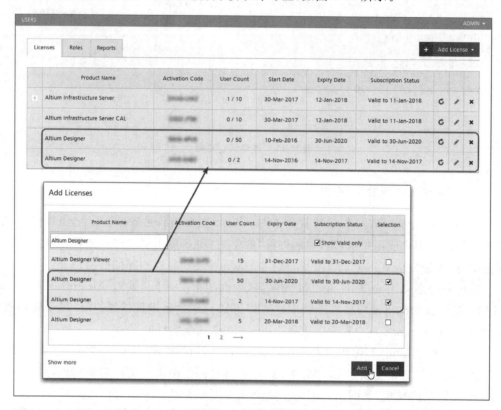

图 1-19　添加许可证

5．用户和角色

　　Altium 基础设施服务器(AIS)在局域网内 PC 上部署,许可和更新 Altium 软件产品的能力受到分配的用户凭据和/或用户角色的限制。

6．添加用户

　　可以通过 Add user 按钮在"用户管理"页面中手动添加用户配置文件。单击 Add user 按钮,打开 Add user(添加用户)对话框,如图 1-20 所示。

　　Add User(添加用户)或 Edit User(编辑用户)对话框中的两个重要输入字段介绍如下。

- Authentication(身份验证):默认的内置选项将使用服务器自己的身份服务(IDS)识别用户连接,而 Windows 方法适用于网络 PC 是 Windows 域的一部分,并且将使用 Windows 域身份验证。对于该选项,应输入与用户的 Windows 域登

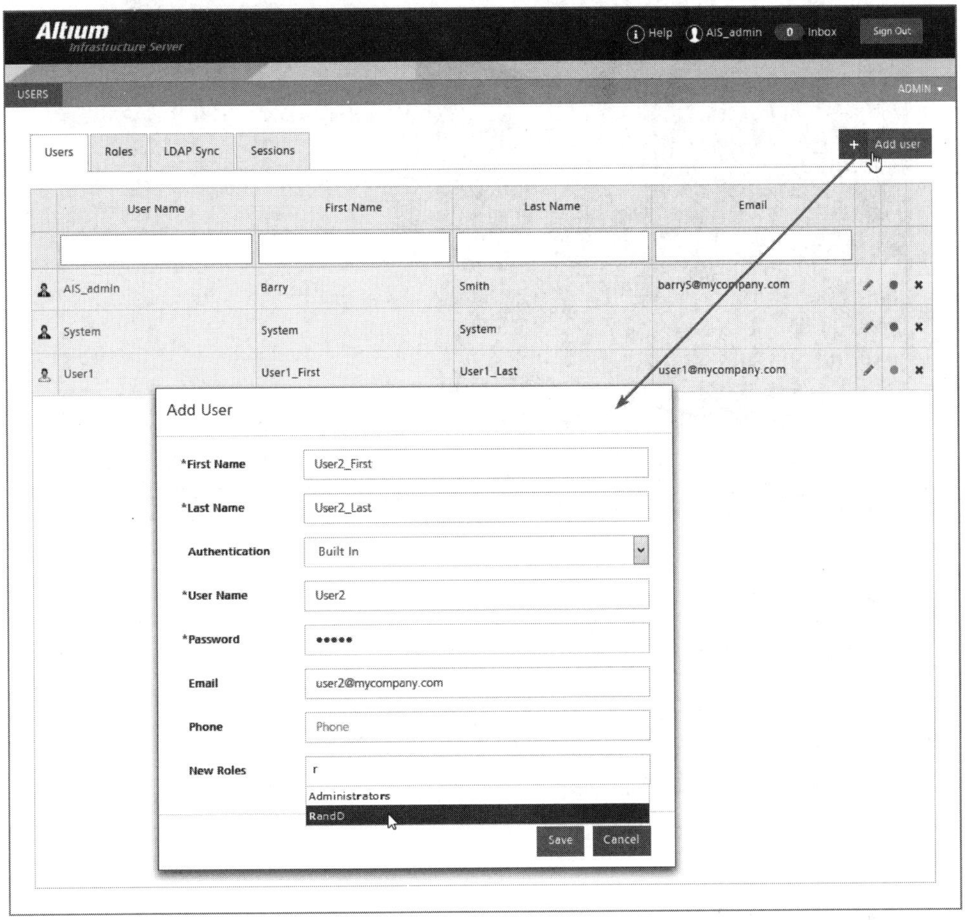

图 1-20　Add User(添加用户)对话框

录名完全匹配的用户名(由网络管理员提供)。

- New Roles(新角色)：可以将新用户添加到现有角色。在此字段中输入角色名称,例如 Administrator。该字段将动态搜索与用户输入的第一个字母匹配的现有角色。默认情况下,用户不包含在角色组中。

7. 用户终端获取 AIS 服务器的 License 授权

通常通过 Altium Designer 用户账户下的 License Management(授权管理)页面中的 Setup Private License Server(私有许可证服务器设置)选项,建立与 AIS 服务管理器的连接。只需要配置 AIS 服务器名称(Server Name),实际上是 AIS 服务管理器主机的名称及其服务器端口号(Server Port：9780),如图 1-21 所示。

当 Altium Designer 用户终端与基础结构服务器建立连接时,AIS 会创建一个配置文件,其用户名与工作站的 Windows 用户账户名称相匹配。

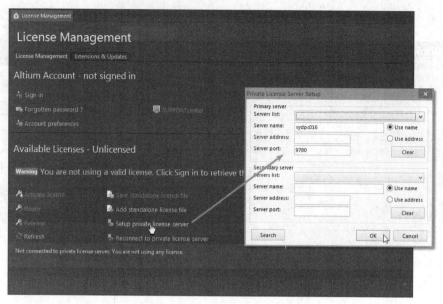

图 1-21　设置专用许可证服务器

1.5　常用系统参数的设置

Altium Designer 19 是一款功能强大的 PCB 版图绘制软件,在使用该软件进行 PCB 设计之前,需要对其常用参数进行一些常规设置。用户可以有针对性地优化配置环境参数,以便更高效地使用 Altium Designer 19 软件。

1.5.1　General 参数设置

打开 Altium Designer 19,单击菜单栏右侧的"设置系统参数"按钮 ⚙(如图 1-22 所示),打开 Preferences(优选项)对话框,如图 1-23 所示。

图 1-22　单击"设置系统参数"按钮

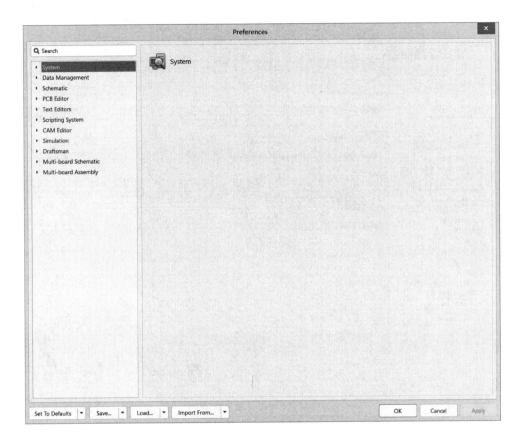

图 1-23　Preferences(优选项)对话框

在左侧 System 选项卡下选择 General 子选项卡,在右侧 Localization 选项组下勾选 Use localized resources 复选框,然后单击 Apply(应用)按钮,再单击 OK(确定)按钮,如图 1-24 所示。关闭 Altium Designer 19 软件后再重新打开,即可完成操作界面的本地语言格式转换。Altium Designer 软件的语言本地化功能支持中文简体、中文繁体、日文、德文、法语、韩语、俄语和英文 7 种语言体系。

可以关闭 General 子选项卡中一些不必要的启动项,提高打开软件和加载文件的速度。一般在"开始"选项组中取消勾选"重启最近的工作区"复选框,如图 1-25 所示。

- 重启最近的工作区:勾选此复选框,可在软件重启时自动打开上次保存的工作区,如图 1-26 所示。
- 显示开始画面:如果需要在 Altium Designer 软件加载到计算机内存时查看启动屏幕,可启用此功能。勾选该复选框,用户在每次打开 Altium Designer 软件时计算机桌面上便会显示软件正在加载的提示。启动过程可能需要一段时间,具体取决于是否打开以前的项目工作区。

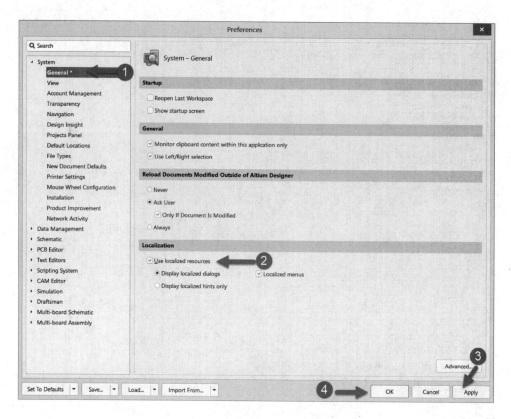

图 1-24　软件语言本地化转换

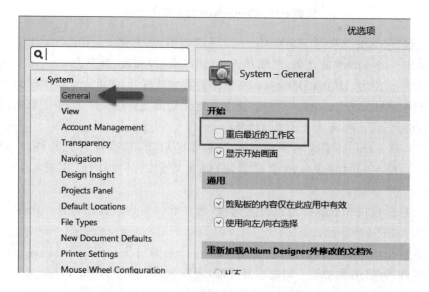

图 1-25　关闭"重启最近的工作区"功能

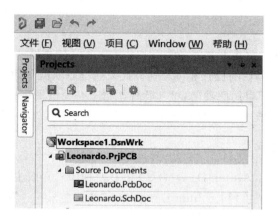

图 1-26 重启最近的工作区

1.5.2 View 参数设置

打开 Altium Designer 19,单击菜单栏右侧的"设置系统参数"按钮 ⚙ ,打开 Preferences (优选项)对话框,在左侧 System 选项卡下选择 View 子选项卡,如图 1-27 所示。

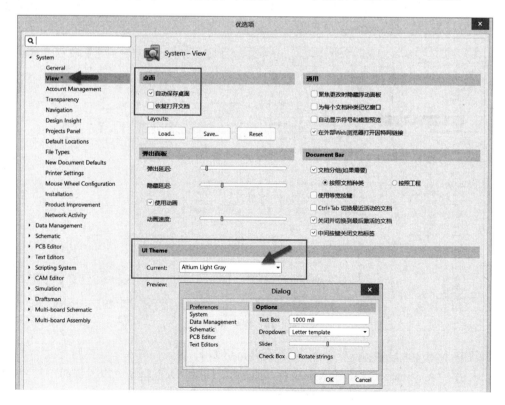

图 1-27 View 子选项卡

下面介绍该子选项卡中的常用选项。

1. "桌面"选项组

- 自动保存桌面：启用此功能，可在关闭时自动保存文档窗口设置的位置和大小，包括面板和工具栏的位置和可见性。此复选框默认处于勾选（使能）状态。
- 恢复打开文档：启用此功能，可在软件根据上一个会话中的状态启动时打开工作区中的文档。禁用后，重新打开软件时工作区为空白。

2. UI Theme 选项组

- Current(当前)：Altium Designer 19 中有两种用户界面主题可供选择，即 Altium Dark Gray(深灰色)和 Altium Light Gray(浅灰色)。
- Preview(预览)：显示上述选项所选主题的示例。

1.5.3 账户管理

在 Altium Designer 19 的 Preferences(优选项)对话框中，切换到 System-Account Management(系统-账户管理)子选项卡，对 Altium 账户进行设置，如图 1-28 所示。Altium Designer 提供了多种按需功能，可通过 Altium 服务站点(portal2.altium.com)登录 Altium 账户后获取授权使用。这些功能包括软件授权许可证、自动软件更新、检索和调用供应链在线元器件数据库信息等。

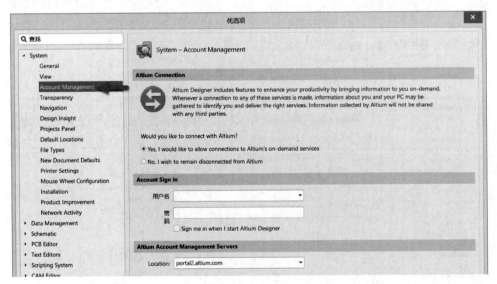

图 1-28　账户管理

其中 Account Sign in(账户登录)选项组介绍如下。

- 用户名：在此字段中输入用户名，即创建 Altium Designer 账户凭据时的用户名。
- 密码：在此字段中输入账户密码。
- Sign me in when I start Altium Designer：勾选该复选框，可在启动 Altium Designer 软件时自动登录账户。

1.5.4 Navigation 参数设置

切换到 System-Navigation 子选项卡，用户可以根据自己的需要设置高亮方式和交叉选择模式。常用的 Navigation 参数设置如图 1-29 所示。

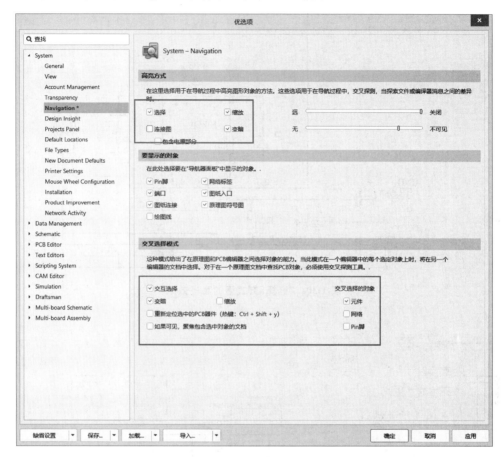

图 1-29 常用 Navigation 参数设置

1. "高亮方式"选项组

- 选择：如果只勾选该复选框，用户在原理图中高亮显示某一个网络时，原理图对应的所有网络都会处于一种被选中的状态，如图 1-30 所示。
- 缩放：如果只勾选该复选框，用户在原理图中高亮显示某一个网络时，原理图对应的所有网络都会执行缩放的动作，将具有相同网络名的对象缩放到适合所有对象的状态，如图 1-31 所示。
- 连接图：如果只勾选该复选框，用户在原理图中高亮显示某一个网络时，原理图对应的所有网络会以一个连接关系图形式展示出来，如图 1-32 所示。
- 变暗：如果只勾选该复选框，用户在原理图中高亮显示某一个网络时，原理图对应的所有网络都会呈现高亮效果，而其他所有网络则会变暗，如图 1-33 所示。

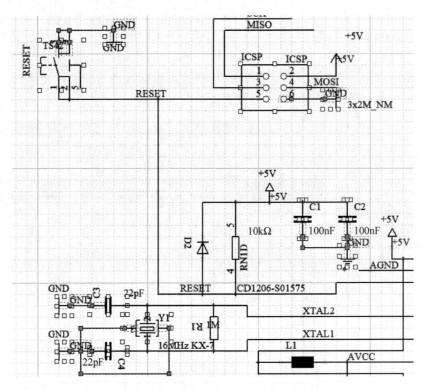

图 1-30 "选择"方式下的高亮效果

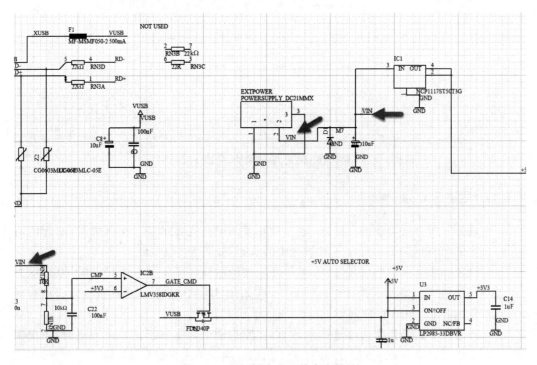

图 1-31 "缩放"方式下的高亮效果

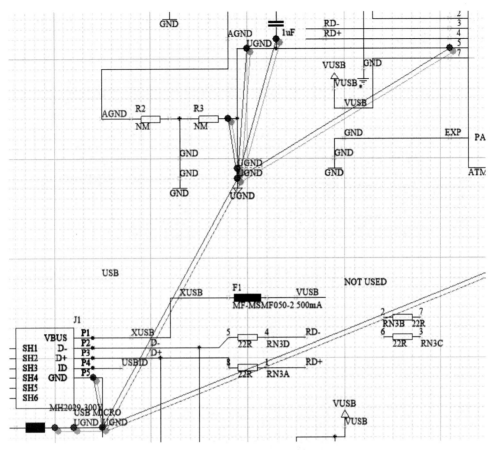

图 1-32　"连接图"方式下的高亮效果

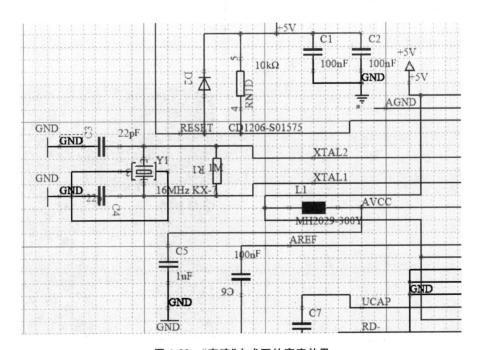

图 1-33　"变暗"方式下的高亮效果

综合以上所有效果,发现同时勾选"选择""缩放""变暗"这 3 个复选框会使高亮显示效果最好,如图 1-34 所示。

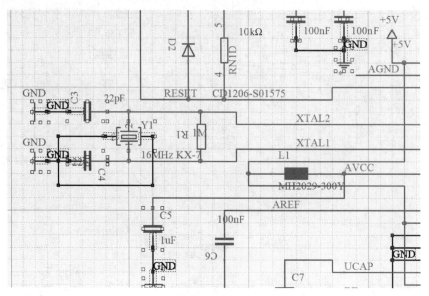

图 1-34　同时选择 3 种方式的高亮效果

2. "交叉选择模式"选项组

- 交互选择:用于打开和关闭交叉选择功能。
- 变暗:可以调暗除所选项目以外的其他对象的显示。
- 缩放:被选中的对象会执行缩放动作,缩放到适合所有对象的界面。
- 交叉选择的对象:这里设置用户需要交叉选择的选项,如元件、网络、Pin 脚。用户可勾选需要交叉选择的对象,一般只勾选"元件"这一项。在原理图中框选元件,PCB 中对应的元件便会被选中,其交叉选择效果如图 1-35 所示。

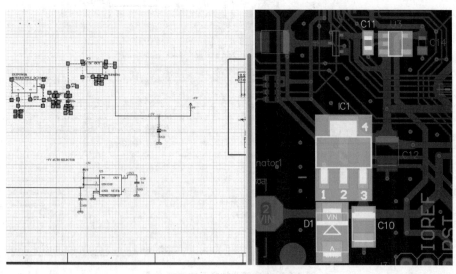

图 1-35　交叉选择模式

1.5.5 Network Activity 参数设置

Altium 设计者可以使用互联网和第三方服务器连接到 Altium 云、供应商以及寻找更新等。在某些情况或环境下,用户可能需要离线工作。在"优选项"对话框中切换到 System-Network Activity 子选项卡,用户可以通过选择或取消选择来允许或禁用特定的网络活动或所有网络活动。用户如果不希望软件联网,可取消勾选"允许网络活动"复选框(如图 1-36 所示),这样软件的联网功能将会被禁止。

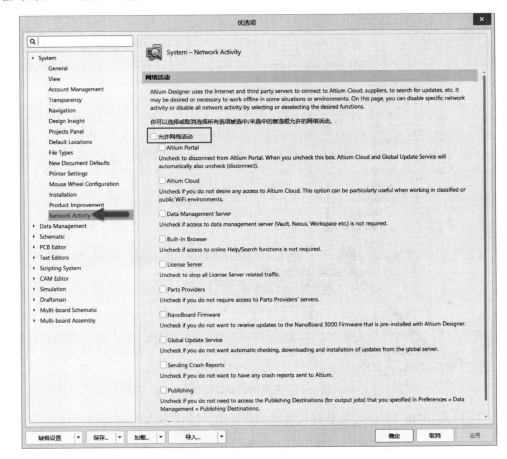

图 1-36 关闭软件联网功能

1.6 系统参数的导出和导入

1.6.1 系统参数的导出

完成常用系统参数的设置后,可以随时调用。为了方便调用,首先将设置好的系统参数导出,即将系统参数设置文件另存到指定的路径下。下面介绍详细导出步骤。

(1)单击菜单栏右侧的"设置系统参数"按钮,打开"优选项"对话框。

（2）单击左下角的"保存"按钮，打开"保存优选项"对话框，选择好保存路径并输入文件名，如 DXPPreferences1，如图 1-37 所示。

图 1-37　常用系统参数导出

（3）单击"保存"按钮，等待软件将系统参数导出，导出结果如图 1-38 所示。

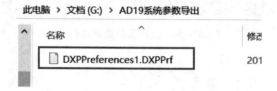

图 1-38　导出的系统参数设置文件

1.6.2　系统参数的导入

有时由于计算机系统软件或者 Altium 软件的重装，用户预先设置的系统参数可能被清除，这时就可以导入之前导出的系统参数设置文件。导入步骤如下。

（1）打开 Altium Designer 19，单击菜单栏右侧的"设置系统参数"按钮，打开"优选项"对话框。

（2）单击左下角的"加载"按钮，在弹出的"加载优选项"对话框中选择需要导入的系统参数设置文件，单击"打开"按钮，如图 1-39 所示。

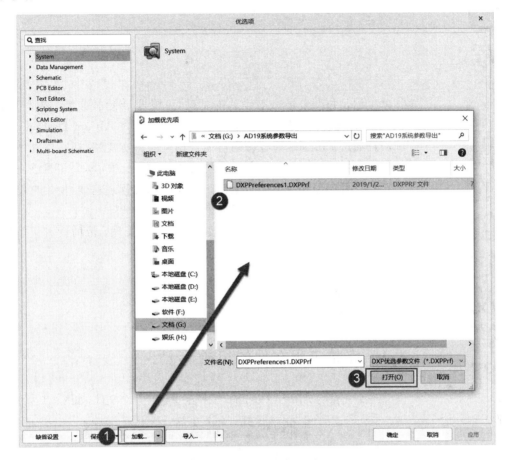

图 1-39　常用系统参数的导入

（3）在弹出的 Load preferences from file 对话框中单击"确定"按钮，等待完成系统参数的导入，如图 1-40 所示。

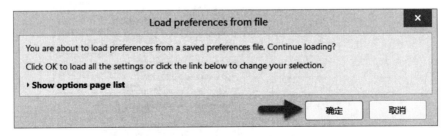

图 1-40　Load preferences from file 对话框

第2章 工程的创建及管理

工程是每个电子产品设计的基础，可将设计元素链接起来，包括原理图、PCB 和预留在项目中的所有库或模型。Altium Designer 允许用户通过 Projects 面板访问与项目相关的所有文档，还可以在通用的 Workspace(工作空间)中链接相关项目，轻松访问与公司目前正在开发的某种产品相关的所有文档。强大的开发管理功能，使用户能够有效地对设计的各种文件进行管理。

本章介绍 Altium Designer 工程的创建及管理，帮助读者了解并掌握软件的基本操作。

学习目标：
- 掌握 Altium Designer 19 工程的创建。
- 掌握 Altium Designer 19 的文件管理。

2.1　完整工程文件的组成

一个完整的 Altium Designer 工程至少包含 5 个文件，如图 2-1 所示。

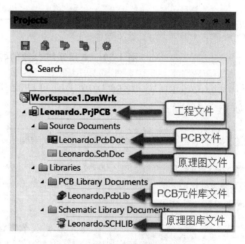

图 2-1　完整工程文件的组成

(1) 工程文件，后缀名为. PrjPCB。
(2) 原理图文件，后缀名为. SchDoc。

（3）原理图库文件，后缀名为. SCHLIB。

（4）PCB 文件，后缀名为. PcbDoc。

（5）PCB 元件库文件，后缀名为. PcbLib。

2.2 创建新工程及各类组成文件

1. 工程文件的创建

打开 Altium Designer 19，执行菜单栏中"文件"→"新的"→"项目"命令，如图 2-2 所示。在弹出的 Create Project 对话框中选择 Local Projects 选项卡，在 Project Type 列表框中选择< Default >类型，并在右侧输入工程名及保存路径后，单击 Create 按钮，即可创建一个新的 PCB 工程，如图 2-3 所示。

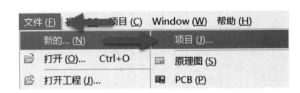

图 2-2　新建工程命令

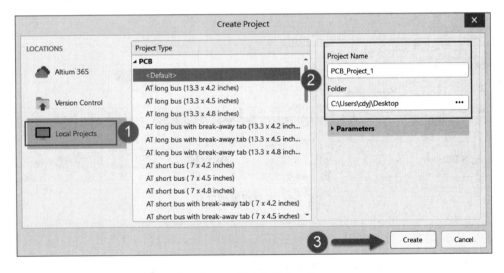

图 2-3　创建并保存工程

2. 原理图文件的创建

执行菜单栏中"文件"→"新的"→"原理图"命令，如图 2-4 所示。单击快速访问工具栏中的"保存"按钮或者按快捷键 Ctrl＋S，保存新建的原理图到工程文件路径下，如图 2-5 所示。

图 2-4　新建原理图文件

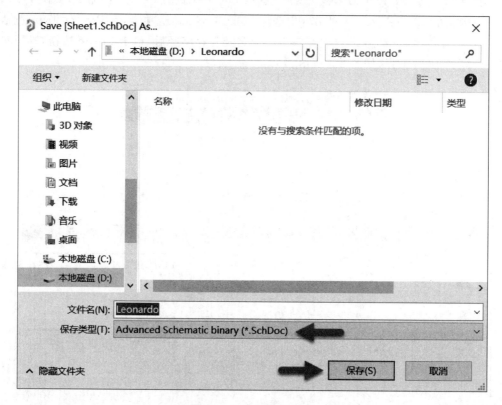

图 2-5　保存原理图文件

3. 原理图库文件的创建

执行菜单栏中"文件"→"新的"→"库"→"原理图库"命令,如图 2-6 所示。单击快速访问工具栏中的"保存"按钮或者按快捷键 Ctrl+S,保存新建的原理图库文件到工程文件路径下,如图 2-7 所示。

4. PCB 文件的创建

执行菜单栏中"文件"→"新的"→PCB 命令,如图 2-8 所示。单击快速访问工具栏中的"保存"按钮或者按快捷键 Ctrl+S,保存新建的 PCB 文件到工程文件路径下,如图 2-9 所示。

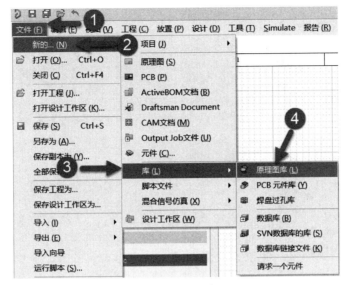

图 2-6　新建原理图库文件

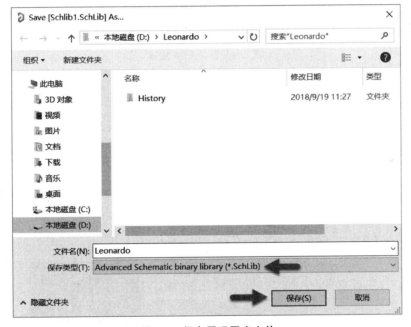

图 2-7　保存原理图库文件

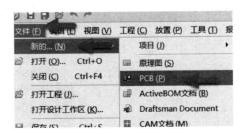

图 2-8　新建 PCB 文件

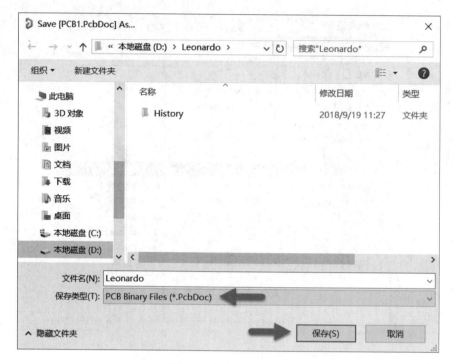

图 2-9   保存 PCB 文件

5. PCB 元件库文件的创建

执行菜单栏中"文件"→"新的"→"库"→"PCB 元件库"命令,如图 2-10 所示。单击快速访问工具栏中的"保存"按钮或者按快捷键 Ctrl+S,保存新建的 PCB 元件库文件到工程文件路径下,如图 2-11 所示。

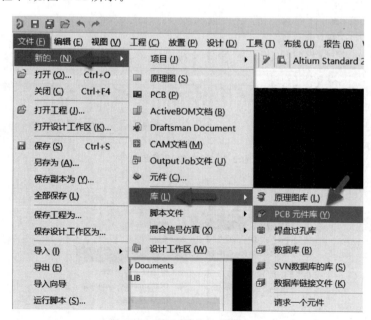

图 2-10   新建 PCB 元件库文件

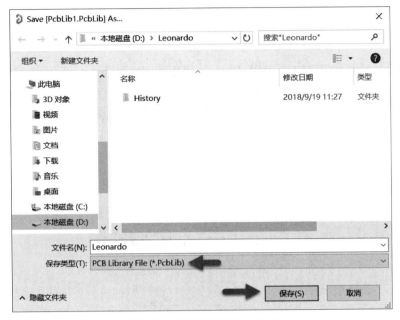

图 2-11 保存 PCB 元件库文件

提示：Altium Designer 软件采用工程文件管理所有的设计文件，因此设计文件应当都保存在工程文件中，单独的设计文件则称为 Free Document。

2.3 为工程添加或移除已有文件

2.3.1 为工程添加已有文件

如要为工程添加已有原理图、PCB、原理图库、PCB 元件库等文件，在工程目录上右击，选择"添加已有文档到工程"命令（如图 2-12 所示），然后选择需要添加到工程的文件即可。

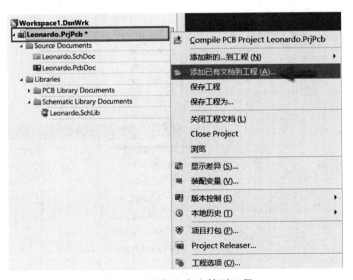

图 2-12 添加已有文档到工程

2.3.2 从工程中移除已有文件

如要从工程中移除已有原理图、PCB、原理图库、PCB元件库等文件,可在工程目录下选择要移除的文件,然后单击鼠标右键,执行"从工程中移除"命令,即可从工程中移除相应的文件。如图2-13所示为从工程中移除原理图文件,其他文件的移除方法与原理图文件的移除方法一致,就不一一介绍了。

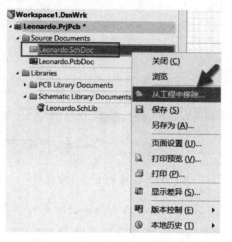

图 2-13 从工程中移除已有文件

2.4 快速查询文件保存路径

在工程目录上右击,执行"浏览"命令,即可浏览工程文件所在的路径,用户可以快速地找到工程文件的存放位置并查看文件,如图2-14所示。

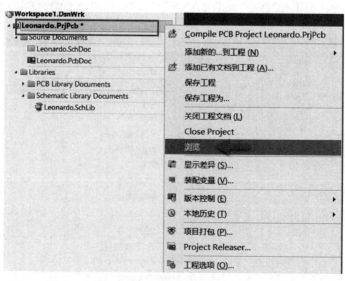

图 2-14 工程文件的路径查找

虽然 Altium Designer 19 提供了丰富的元件资源,但是在实际的电路设计中,有些特定的元件仍需自行制作。另外,根据工程项目的需要,建立基于该项目的 PCB 元件库,有利于在以后的设计中更加方便、快捷地调入元件封装,管理工程文件。

本章将对原理图库和 PCB 元件库的创建进行详细的介绍,让读者学会创建和管理自己的元件库,从而更方便地进行 PCB 设计。

学习目标:
- 了解元件和封装的命名规范。
- 了解原理图库和 PCB 元件库的基本操作命令。
- 掌握原理图库元件符号的绘制方法。
- 掌握 PCB 元件库封装的制作方法。
- 了解集成库的制作方法。

3.1　元件的命名规范及归类

1. 原理图库分类及命名

依据元件种类分类(元件一律用大写字母表示),原理图库分类及命名如表 3-1 所示。

表 3-1　原理图库分类及命名

元 件 库	元 件 种 类	简 称	元件名(Lib Ref)
RCL. LIB (电阻、电容、电感库)	普通电阻类,包括 SMD、碳膜、金膜、氧化膜、绕线、水泥、玻璃釉等	R	R
	康铜丝类,包括各种规格康铜丝电阻	RK	RK
	排阻	RA	RA＋电阻数-PIN 距
	热敏电阻类,包括各种规格热敏电阻	RT	RT
	压敏电阻类,包括各种规格压敏电阻	RZ	RZ

元 件 库	元 件 种 类	简 称	元件名(Lib Ref)
RCL.LIB(电阻、电容、电感库)	光敏电阻,包括各种规格光敏电阻	RL	RL
	可调电阻类,包括各种规格单路可调电阻	VR	VR-型号
	无极性电容类,包括各种规格无极性电容	C	CAP
	有极性电容类,包括各种规格有极性电容	C	CAE
	电感类	L	L+电感数-型号
	变压器类	T	T-型号
DQ.LIB(二极管、晶体管库)	普通二极管类	D	D
	稳压二极管类	DW	DW
	双向触发二极管类	D	D-型号
	双二极管类,包括BAV99	Q	D2
	桥式整流器类	BG	BG
	三极管类	Q	Q-类型
	MOS管类	Q	Q-类型
	IGBT类	Q	IGBT
	单向可控硅(晶闸管)类	SCR	SCR-型号
	双向可控硅(晶闸管)类	BCR	BCR-型号
IC.LIB(集成电路库)	三端稳压IC类,包括78系列三端稳压IC	U	U-型号
	光电耦合器类	U	U-型号
	IC	U	U-型号
CON.LIB(接插件库)	端子排座,包括导电插片、四脚端子等	CON	CON+PIN数
	排线	CN	CN+PIN数
	其他连接器	CON	CON-型号
DISPLAY.LIB(光电元件库)	发光二极管	LED	LED
	双发光二极管	LED	LED2
	数码管	LED	LED+位数-型号
	数码屏	LED	LED-型号
	背光板	BL	BL-型号
	LCD	LCD	LCD-型号
OTHER.LIB(其他元器件库)	按键开关	SW	SW-型号
	触摸按键	MO	MO
	晶振	Y	Y-型号
	保险管	F	FUSE
	蜂鸣器	BZ	BUZ
	继电器	K	K
	电池	BAT	BAT
	模块	—	—

2. 原理图中元件值标注规则

原理图中元件值标注规则如表 3-2 所示。

表 3-2　原理图中元件值标注规则

元　　　件	标　注　规　则	
电阻	≤1Ω	以小数表示,而不以毫欧表示,可表示为 0RXX,例如 0R47(0.47Ω)、0R033(0.33Ω)
	≤999Ω	整数表示为 XXR,例如 100R(100Ω)、470R
	≤999kΩ	整数表示为 XXK,例如 100K(100kΩ)、470K
	≤999kΩ(包含小数)	表示为 XKX,例如 4K7(4.7kΩ)、4K99、49K9
	≥1MΩ	整数表示为 XXM,例如 1M(1MΩ)、10M
	≥1MΩ(包含小数)	表示为 XMX,例如 4M7(4.7MΩ)、2M2
	电阻如只标数值,则代表其功率低于 1/4W;如果其功率大于 1/4W,则需要标明实际功率。默认定义为"精度 5±5%"。 　　为区别电阻种类,可在其后标明种类:CF(碳膜)、MF(金属膜)、PF(氧化膜)、FS(熔断)、CE(瓷壳)	
电容	≤1pF	以小数加 p 表示,如 0p47(0.47pF)
	≤100pF	整数表示为 XXp,如 100p(100pF)
	≥100pF	采用指数表示,如 1000pF 为 10^3 pF
	≤999pF(包含小数)	表示为 XpX,如 4p7(0.47pF)、6p8
	接近 1μF	可以用 0.XXμ 表示,如 0.1μ、0.22μ
	≥1μF	整数表示为 XXμF/耐压值,如 100μF /25V、470μF/16V
	≥1μF(包含小数)	表示为 X.X/耐压值,如 2.2μF/400V
	电容值后标明耐压值,以"/"与电容值隔开。电解电容必须标明耐压值,其他介质电容如不标明耐压值,则默认定义耐压值为 50V	
电感	电感标法同电容标法	
变压器	按实际型号	
二极管	按实际型号	
三极管	按实际型号	
集成电路	按实际型号	
接插件	标明管脚数	
光电器件	按实际型号	
其他元件	按实际型号	

3.2　原理图库常用操作命令

打开或新建一个原理图库文件,即可进入原理图库文件编辑器,如图 3-1 所示。

单击工具栏中的绘图工具按钮 ，在弹出的下拉列表中列出了原理图库常用的操作命令按钮,如图 3-2 所示。其中各个命令按钮与"放置"下拉菜单中的各项命令具有对应关系。

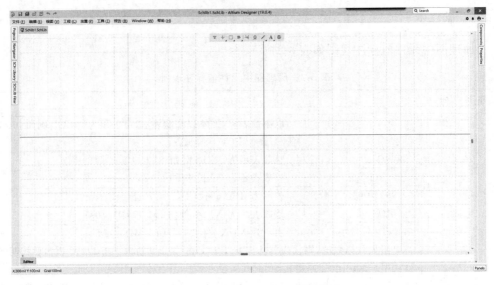

图 3-1　原理图库文件编辑器

各个工具的功能说明如下。

- ✏ : 放置线条。
- ⌒ : 放置椭圆弧。
- A : 放置文本字符串。
- ▦ : 放置文本框。
- ▤ : 添加部件。
- ▢ : 放置圆角矩形。
- 🖼 : 放置图像。
- ∿ : 放置贝塞尔曲线。
- ⬠ : 放置多边形。
- 🔗 : 放置超链接。
- ▦ : 创建器件。
- ▢ : 放置矩形。
- ⬭ : 放置椭圆。
- ⊣ : 放置管脚。

图 3-2　原理图库常用操作命令

1. 放置线条

在绘制原理图库时,可以使用放置线条的命令绘制元件的外形。该线条在功能上完全不同于原理图中的导线,它不具有电气连接特性,不会影响电路的电气结构。

放置线条的步骤如下:

(1) 执行菜单栏中"放置"→"线条"命令,或单击工具栏中的"放置线条"按钮 ✏ ,光标变成十字形状。

(2) 将光标移到要放置线条的位置,单击鼠标确定线条的起点,然后多次单击,确定多个固定点。在放置线条的过程中,如需要拐弯,可以单击鼠标确定拐弯的位置,同时按 Shift+空格键组合键切换拐弯的模式。在 T 形交叉点处,系统不会自动添加节点。线条绘制完毕后,右击鼠标或按 Esc 键退出。

(3) 设置线条属性,双击需要设置属性的线条(或在绘制状态下按 Tab 键),系统将弹出相应的线条属性编辑面板,如图 3-3 所示。

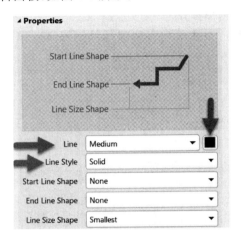

图 3-3　线条属性编辑面板

在该面板中可以对线条的线宽、类型和颜色等属性进行设置。其中常用选项介绍如下。

- Line:用于设置线条的线宽,有 Smallest(最小)、Small(小)、Medium(中等)和 Large(大)4 种线宽供用户选择。
- Line Style:用于设置线条的线型,有 Solid(实线)、Dashed(虚线)、Dotted(点线)和 Dash Dotted(点画线)4 种线型可供选择。
- ■:该按钮用于设置线条的颜色。

2. 放置椭圆弧

椭圆弧和圆弧的绘制过程是一样的,圆弧实际上是椭圆弧的一种特殊形式。

放置椭圆弧的步骤如下:

(1) 执行菜单栏中"放置"→"椭圆"命令,或者单击工具栏中的"椭圆弧"按钮 ⌒ ,光标变成十字形状。

(2) 将光标移到要放置椭圆弧的位置,单击鼠标第 1 次确定椭圆弧的中心,第 2 次确定椭圆弧 X 轴的长度,第 3 次确定椭圆弧 Y 轴的长度,从而完成椭圆弧的绘制。

(3) 此时软件仍处于绘制椭圆的状态,重复步骤(2)的操作即可绘制其他的椭圆弧。右击或按 Esc 键退出操作。

3. 放置文本字符串

为了增强原理图库的可读性,在某些关键的位置应该添加一些文字说明,即放置文本字符串,便于用户之间的交流。

放置文本字符串的步骤如下：

（1）执行菜单栏中"放置"→"文本字符串"命令，或单击工具栏中的"文本字符串"按钮 A ，光标变成十字形状，并带有一个文本字符串 Text 标志。

（2）将光标移到要放置文本字符串的位置，单击鼠标即可放置该字符串。

（3）此时软件仍处于放置文本字符串状态，重复步骤(2)的操作即可放置其他的字符串。右击鼠标或按 Esc 键退出操作。

（4）设置文本框属性。双击需要设置属性的文本字符串（或在绘制状态下按 Tab 键），系统将弹出相应的文本字符串属性编辑面板，如图 3-4 所示。

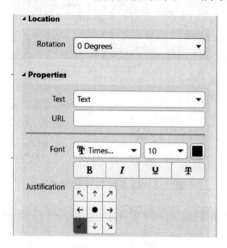

图 3-4　文本字符串属性编辑面板

其中常用选项介绍如下。

- Rotation：设置文本字符串在原理图中的放置方向，有 0 Degrees、90 Degrees、180 Degrees 和 270 Degrees 4 个选项。
- Text：用于输入文本字符串的具体内容，也可以在放置文本字符串完毕后选中该对象，然后直接单击，即可输入文本内容。
- Font：用于选择文本字符串的字体类型和字体大小等。
- ■：用于设置文本字符串的颜色。
- Justification：用于设置文本字符串的位置。

4. 放置文本框

上面的放置文本字符串针对的是简单的单行文本，如果需要大段的文字说明，就需要使用文本框。文本框可以放置多行文本，字数没有限制。

放置文本框的步骤如下：

（1）执行菜单栏中"放置"→"文本框"命令，或单击工具栏中的"文本框"按钮 A≡ ，光标变成十字形状，并带有一个空白的文本框图标。

（2）将光标移到要放置文本框的位置，单击鼠标确定文本框的一个顶点，移动光标到合适位置再单击一次确定其对角顶点，完成文本框的放置。

（3）此时软件仍处于放置文本框的状态，重复步骤(2)的操作即可放置其他文本框。

右击鼠标或按 Esc 键退出操作。

（4）设置文本框属性。双击需要设置属性的文本框（或在放置状态下按 Tab 键），系统将弹出相应的文本框属性编辑面板，如图 3-5 所示。

文本框属性的设置与文本字符串属性的设置大致相同，这里不再赘述。

5. 添加部件

执行菜单栏中"工具"→"新部件"命令，或单击工具栏中的"新部件"按钮 ▥ ，即可为元件添加部件，如图 3-6 所示。

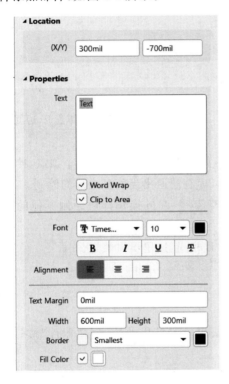

图 3-5　文本框属性编辑面板

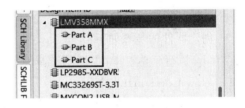

图 3-6　添加部件

6. 放置圆角矩形

放置圆角矩形的步骤如下：

（1）执行菜单栏中"放置"→"圆角矩形"命令，或单击工具栏中的"放置圆角矩形"按钮 ▢ ，光标变成十字形状，并带有一个圆角矩形图标。

（2）将光标移到要放置圆角矩形的位置，单击鼠标确定圆角矩形的一个顶点，移动光标到合适的位置再单击确定其对角顶点，从而完成圆角矩形的绘制。

（3）此时软件仍处于绘制圆角矩形的状态，重复步骤（2）的操作即可绘制其他的圆角矩形。右击鼠标或按 Esc 键退出操作。

（4）设置圆角矩形属性。双击需要设置属性的圆角矩形（或在绘制状态下按 Tab

键），系统将弹出相应的圆角矩形属性编辑面板，如图 3-7 所示。

其中常用选项介绍如下。

- Location：设置圆角矩形的起始与终止顶点的位置。
- Width：设置圆角矩形的宽度。
- Height：设置圆角矩形的高度。
- Corner X Radius：设置 1/4 圆角 X 方向的半径长度。
- Corner Y Radius：设置 1/4 圆角 Y 方向的半径长度。
- Border：设置圆角矩形边框的线宽，有 Smallest、Small、Medium 和 Large 4 种线宽可供选择。
- Fill Color：设置圆角矩形的填充颜色。

7. 放置多边形

放置多边形的步骤如下：

（1）执行菜单栏中"放置"→"多边形"命令，或单击工具栏中的"放置多边形"按钮 ，光标变成十字形状。

（2）将光标移到要放置多边形的位置，单击鼠标左键确定多边形的一个顶点，接着每单击一下鼠标就确定一个顶点，绘制完毕后单击鼠标右键退出当前多边形的绘制。

（3）此时软件仍处于绘制多边形的状态，重复步骤（2）的操作即可绘制其他的多边形。右击鼠标或按 Esc 键退出操作。

多边形属性的设置和圆角矩形属性的设置大致相同，这里不再赘述。

8. 创建器件

创建器件的步骤如下：

（1）执行菜单栏中"工具"→"新器件"命令，或单击工具栏中的"创建器件"按钮 ，弹出 New Component 对话框。

（2）输入器件名称，单击"确定"按钮，即可创建一个新的器件，如图 3-8 所示。

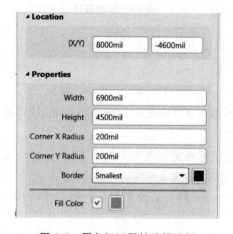

图 3-7　圆角矩形属性编辑面板

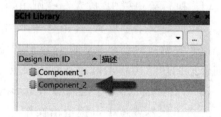

图 3-8　创建器件

9. 放置矩形

放置矩形的步骤如下：

（1）执行菜单栏中"放置"→"矩形"命令，或单击工具栏中的"放置矩形"按钮 ▢，光标变成十字形状，并带有一个矩形图标。

（2）将光标移到要放置矩形的位置，单击鼠标左键确定矩形的一个顶点，移动光标到合适的位置再一次单击确定其对角顶点，从而完成矩形的绘制。

（3）此时软件仍处于绘制矩形的状态，重复步骤（2）的操作即可绘制其他的矩形。

（4）设置矩形属性。双击需要设置属性的矩形（或在绘制状态下按 Tab 键），系统将弹出相应的矩形属性编辑面板，如图 3-9 所示。

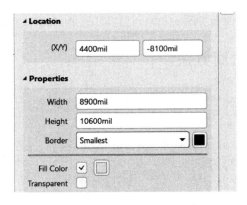

图 3-9　矩形属性编辑面板

Transparent：勾选该复选框，则矩形为透明的，内无填充颜色。

其他属性与圆角矩形的属性一致，这里不再赘述。

10. 放置管脚

放置管脚的步骤如下：

（1）执行菜单栏中"放置"→"管脚"命令，或单击工具栏中的"放置管脚"按钮 ▨，光标变成十字形状，并带有一个管脚图标。

（2）将该管脚移到矩形边框处单击，完成放置。放置管脚时，一定要保证具有电气特性的一端，即带有"×"号的一端朝外，如图 3-10所示。这可以通过在放置管脚时按空格键实现旋转。

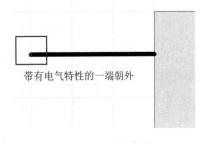

带有电气特性的一端朝外

图 3-10　放置管脚

（3）此时仍处于放置管脚的状态，重复步骤(2)的操作即可放置其他的管脚。

（4）设置管脚属性。双击需要设置属性的管脚（或在绘制状态下按 Tab 键），系统将弹出相应的管脚属性编辑面板，如图 3-11 所示。

其中常用选项介绍如下。

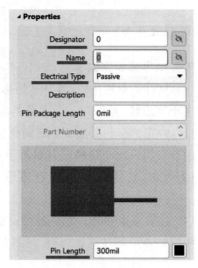

- Designator：设置元件管脚的标号，标号应与封装焊盘管脚相对应。后面的"显示/隐藏"按钮 用于设置该项的显示或隐藏。
- Name：设置库元件的名称。后面的"显示/隐藏"按钮 用于设置该项的显示或隐藏。
- Electrical Type：设置库元件管脚的电气属性。
- Pin Length：设置管脚长度。

图 3-11　管脚属性编辑面板

3.3　元件符号的绘制方法

下面以绘制 NPN 三极管和 ATMEGA32U4 芯片为例，详细介绍元件符号的绘制过程。

3.3.1　手工绘制元件符号

1. NPN 三极管元件符号的绘制方法

1）绘制库元件的原理图符号

绘制库元件的原理图符号的步骤如下：

（1）如图 3-12 所示，执行菜单栏中"文件"→"新的"→"库"→"原理图库"命令，启动原理图库文件编辑器，并创建一个新的原理图库文件，命名为 Leonardo.SchLib。

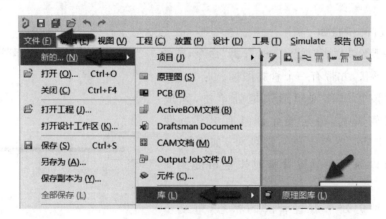

图 3-12　新建原理图库文件

（2）为新建的原理图符号命名。

在创建了一个新的原理图库文件的同时，系统已自动为该库添加了一个默认原理图符号名为 Component_1 的库文件（打开 SCH Library（SCH 元件库）面板可以看到）。单击选择这个名为 Component_1 的原理图符号，单击下面的"编辑"按钮，将该原理图符号重新命名为"NPN 三极管"。

（3）单击原理图符号绘制工具栏中的"放置线条"按钮 ，光标变成十字形状。绘制一个 NPN 三极管符号，如图 3-13 所示。

2）放置管脚

（1）单击原理图符号绘制工具栏中的"放置管脚"按钮 ，光标变成十字形状，并带有一个管脚图标。

（2）将该管脚移到三极管符号处，单击完成放置，如图 3-14 所示。

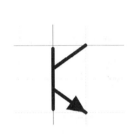 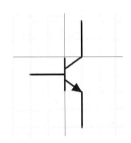

图 3-13　绘制三极管符号　　　　图 3-14　放置元件的管脚

放置管脚时，一定要保证具有电气特性的一端，即带有"×"号的一端朝外。这可以通过在放置管脚时按空格键实现旋转。

（3）在放置管脚时按下 Tab 键，或者双击已经放置的管脚，系统弹出如图 3-11 所示的元件管脚属性编辑面板，在该面板中可以完成管脚的各项属性设置。单击"保存"按钮，即可完成 NPN 三极管元件符号的绘制。

2．ATMEGA32U4 元件符号的绘制方法

1）绘制库元件的原理图符号

（1）执行菜单栏中"工具"→"新器件"命令，或者按快捷键 T＋C 新建一个器件，如图 3-15 所示。

（2）为新建的原理图符号命名。

执行新建器件命令后，在弹出的 New Component 对话框中设置元件名为 ATMEGA32U4，然后单击"确定"按钮，如图 3-16 所示。

图 3-15　新建器件

图 3-16　为器件命名

（3）单击原理图符号绘制工具栏中的"放置矩形"按钮▨，光标变成十字形状，并带有一个矩形图标。

（4）两次单击鼠标，在编辑窗口的第四象限内绘制一个矩形。

矩形用来作为库元件的原理图符号外形，其大小应根据要绘制的库元件管脚的多少决定。由于 ATMEGA32U4 芯片管脚采用左右两排的排布方式，所以应画成矩形，并画得大一些，以便于管脚的放置。管脚放置完毕后，再将矩形框调整为合适的尺寸。

2）放置管脚

（1）单击原理图符号绘制工具栏中的"放置管脚"按钮▨，光标变成十字形状，并带有一个管脚图标。

（2）将该管脚移到矩形边框处，单击完成放置，如图 3-17 所示。

放置管脚时，一定要保证具有电气特性的一端，即带有"×"号的一端朝外。可以通过在放置管脚时按空格键实现旋转。

（3）在放置管脚时按 Tab 键，或者双击已经放置的管脚，系统弹出如图 3-11 所示的元件管脚属性编辑面板，在该面板中可以完成管脚的各项属性设置。

（4）设置完毕后按 Enter 键，设置好的管脚如图 3-18 所示。

图 3-17　放置元件的管脚　　　　图 3-18　设置好的管脚

（5）按照同样的操作，或者使用阵列粘贴功能，完成其余管脚的放置，并设置好相应的属性，完成 ATMEGA32U4 元件符号的绘制，如图 3-19 所示。

3.3.2　利用 Symbol Wizard 制作多管脚元件符号

在 Altium Designer 19 中，建立原理图库时可以使用一些辅助工具快速建立。这对于集成 IC 等元件的建立特别适用，如一个芯片有几十个乃至几百个管脚。

这里还是以上面的 ATMEGA32U4 原理图元件为例详细介绍使用 Symbol Wizard 制作元件符号的方法。具体操作步骤如下：

（1）在原理图库编辑界面下，执行菜单栏中"工具"→"新器件"命令，新建一个器件，并重命名为 ATMEGA32U4。

（2）执行菜单栏中"工具"→Symbol Wizard 命令，打开 Symbol Wizard 对话框，如图 3-20 所示。接下来就是在该对话框中输入需要的信息，可以将这些管脚信息从器件规格书或者其他地方复制粘贴过来，不需要一个一个地手工填写。手工填写不仅耗时、费力，而且容易出错。

（3）管脚信息输入完成后，单击向导设置对话框右下角的 Place 下拉按钮，在弹出菜单中执行 Place Symbol 命令即可。这样就画好了 ATMEGA32U4 元件库符号，速度快且不易出错，效果如图 3-21 所示。

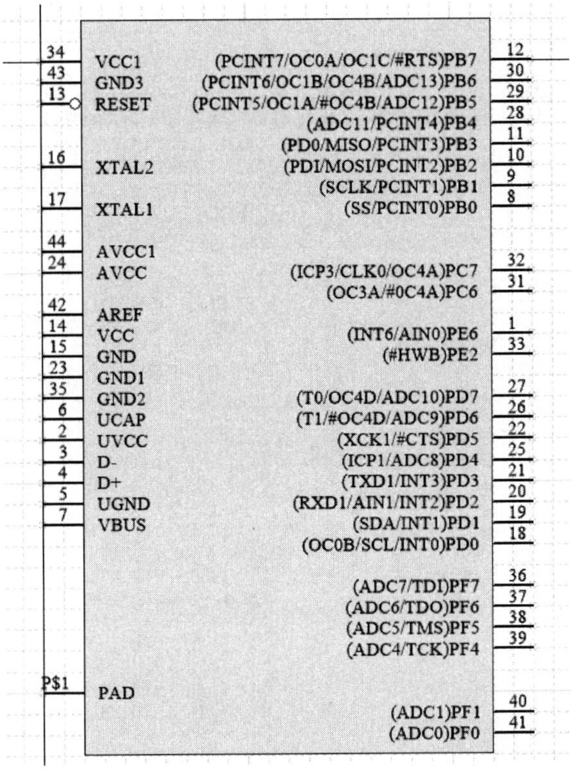

图 3-19　绘制好的 ATMEGA32U4 元件符号

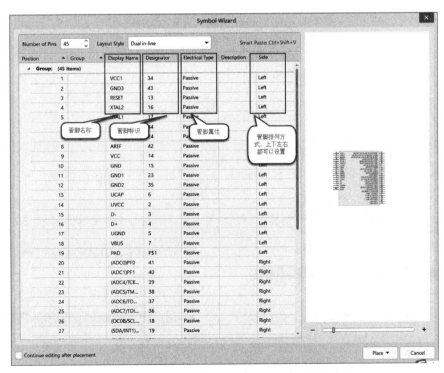

图 3-20　在 Symbol Wizard 对话框中输入管脚信息

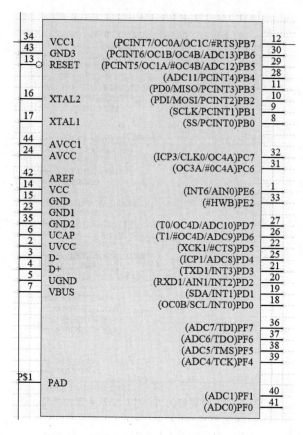

图 3-21　用 Symbol Wizard 制作的元件符号

3.3.3　绘制含有子部件的库元件符号

下面利用相应的库元件管理命令,绘制一个含有子部件的库元件 LMV358。

1. 绘制库元件的第一个部件

(1) 执行菜单栏中"工具"→"新器件"命令,创建一个新的原理图库元件,并将该库元件重命名为 LMV358,如图 3-22 所示。

(2) 执行菜单栏中"工具"→"新部件"命令,为该元件新建两个新的部件,如图 3-23 所示。

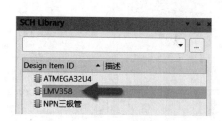

图 3-22　创建新的原理图库元件

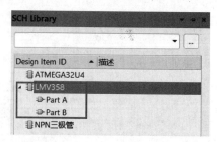

图 3-23　为库元件创建子部件

（3）先在 Part A 里绘制第一个部件。单击原理图绘制工具栏中的"放置多边形"按钮 ⬡ 多边形，光标变成十字形状，在原理图库编辑器的原点位置绘制一个三角形的运算放大器符号。

（4）放置管脚。单击原理图符号绘制工具栏中的"放置管脚"按钮 ，光标变成十字形状，并带有一个管脚图标。将该管脚移到运算放大器符号边框处，单击鼠标完成放置。用同样的方法，将其他管脚放置在运算放大器三角形符号上，并设置好每一个管脚的属性，如图 3-24 所示。这样就完成了第一个部件的绘制。

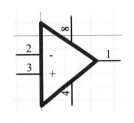

图 3-24 绘制元件的第一个子部件

其中，管脚 1 为输出管脚 OUT1，管脚 2、3 为输入管脚 IN1－和 IN1＋，管脚 8、4 则为公共的电源管脚，即 VCC 和 GND。

2. 创建库元件的第二个子部件

按照 Part A 中元件符号的绘制方法，在 Part B 中绘制第二个子部件的元件符号，这样就完成了含有两个子部件的元件符号的绘制。使用同样的方法，在原理图库中可以创建含有多于两个子部件的库元件。

3.4 封装的命名和规范

1. PCB 元件库分类及命名

依据元件工艺类（元件一律采用大写字母表示），PCB 元件库分类及命名如表 3-3 所示。

表 3-3 PCB 元件库分类及命名

元 件 库	元件种类	简 称	封装名（Footprint）
SMD.LIB（贴片封装库）	SMD 电阻	R	R＋元件英制代号
	SMD 排阻	RA	RA＋电阻数-PIN 距
	SMD 电容	C	C＋元件英制代号
	SMD 电解电容	C	C＋元件直径
	SMD 电感	L	L＋元件英制代号
	SMD 钽电容	CT	CT＋元件英制代号
	柱状贴片	M	M＋元件英制代号
	SMD 二极管	D	D＋元件英制代号
	SMD 三极管	Q	常规为 SOT23，其他为 Q-型号
	SMD IC	U	① 封装＋PIN 数。如：PLCC6、QFP8、SOP8、SSOP8、TSOP8 ② IC 型号＋封装＋PIN 数
	接插件	CON	CON＋PIN 数-PIN 距

元 件 库	元 件 种 类	简　称	封装名(Footprint)
AI. LIB(自动插接件封装库)	电阻	R	R＋跨距(mm)
	瓷片电容	C	CAP＋跨距(mm)-直径
	聚丙烯电容	C	C＋跨距(mm)-长×宽
	涤纶电容	C	C＋跨距(mm)-长×宽
	电解电容	C	C＋直径-跨距(mm)立式电容：C＋直径＊高度-跨距(mm)＋L
	二极管	D	D＋直径-跨距(mm)
	三极管类	Q	Q-型号
	MOS管类	Q	Q-型号
	三端稳压IC	U	U-型号
	LED	LED	LED-直径＋跨距(mm)
MI. LIB(手工插接件封装库)	立插电阻	R	RV＋跨距(mm)-直径
	水泥电阻	R	RV＋跨距(mm)-长×宽
	压敏压阻	RZ	RZ-型号
	热敏电阻	RT	RT＋跨距(mm)
	光敏电阻	RL	BL-型号
	可调电阻	VR	VR-型号
	排阻	RA	RA＋电阻数-PIN距
	卧插电容	C	CW＋跨距(mm)-直径×高
	盒状电容	C	C＋跨距(mm)-长×宽
	立式电解电容	C	C＋跨距(mm)-直径
	电感	L	L＋电感数-型号
	变压器	T	T-型号
	桥式整流器	BG	BG-型号
	三极管	Q	Q-型号
	IGBT	Q	IGBT-序号
	MOS管	Q	Q-型号
	单向可控硅	SCR	SCR-型号
	双向可控硅	BCR	BCR-型号
	三端稳压IC	U	U-型号
	光电耦合器类	U	U＋PIN数
	IC	U	如：PLCC6、QFP8、SOP8、SSOP8、TSOP8
	排座	CON	① PIN距为2.54mm
	排线	CN	简称＋PIN数
	排针	SIP	如：CON5 CN5 SIP5 CON5 ② PIN距不是2.54mm SIP＋PIN数-PIN距 ③ 带弯角的加上-W，普通的加上-L
	其他连接器	CON	CON-型号
	发光二极管	LED	LED＋跨距(mm)-直径
	双发光二极管	LED	LED2＋跨距(mm)-直径

元　件　库	元　件　种　类	简　　称	封装名（Footprint）
	数码管	LED	LED＋位数-尺寸
	数码屏	LED	LED-型号
	背光板	BL	BL-型号
	LCD	LCD	LCD-型号
	按键开关	SW	SW-型号
MI. LIB(手工插接件封装库)	触摸按键	MO	MO-型号
	晶振	Y	Y-型号
	保险管	F	F＋跨距(mm)-长×直径
	蜂鸣器	BUZ	BUZ＋跨距(mm)-直径
	继电器	K	K-型号
	电池	BAT	BAT-直径
	电池片		型号
	模块	MK	MK-型号
MARK. LIB（标示对象库）	MARK 点	MARK	
	AI 孔	AI	
	螺丝孔	M	
	测试点	TP	
	过炉方向	SOL	

2. PCB 封装图形要求

（1）外形尺寸：指元件的最大外形尺寸。封装库的外形(尺寸和形状)必须与实际元件的封装外形一致。

（2）主体尺寸：指元件的塑封体的尺寸＝宽度×长度。

（3）尺寸单位：英制单位为 mil,公制单位为 mm。

（4）封装的焊盘必须定义编号,一般使用数字编号,并与原理图对应。

（5）贴片元件的原点一般设定在元件图形的中心。

（6）插装元件原点一般设定在第一个焊盘中心。

（7）表面贴装元件的封装必须在元件面建立,不允许在焊接面建立镜像的封装。

（8）封装的外形建立在丝印层上。

3.5　PCB 元件库的常用操作命令

打开或新建一个 PCB 元件库文件,即可进入 PCB 元件库编辑器,如图 3-25 所示。

打开 PCB 元件库中放置工具栏 ，里面列出了 PCB 元件库常用的操作命令按钮,如图 3-26 所示。其中各个按钮与"放置"下拉菜单中的各项命令具有对应关系。

各个工具的功能说明如下。

· ：放置线条。

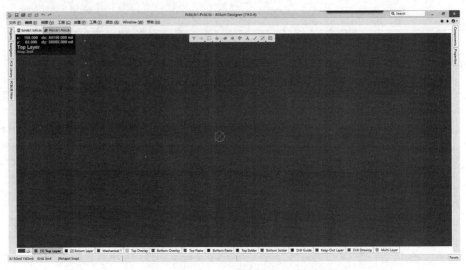

图 3-25　PCB 元件库编辑器

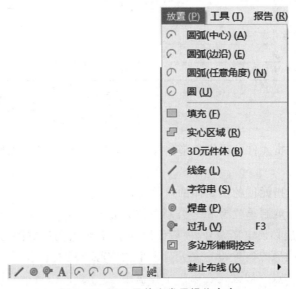

图 3-26　PCB 元件库常用操作命令

- ◎：放置焊盘。
- ☞：放置过孔。
- Ａ：放置字符串。
- ⌒：放置圆弧（中心）。
- ⌒：放置圆弧（边沿）。
- ⌒：放置圆弧（任意角度）。
- ⊘：放置圆。
- ▢：放置填充。
- ▦：阵列式粘贴。

1. 放置线条

放置线条的步骤如下：

（1）执行菜单栏中"放置"→"线条"命令，或单击工具栏中的"放置线条"按钮 ✐ ，光标变成十字形状。

（2）将光标移到要放置线条的位置，单击鼠标确定线条的起点，多次单击确定多个固定点。在放置线条的过程中，如需要拐弯，可以单击确定拐弯的位置，同时按"Shift＋空格键"组合键切换拐弯模式。在 T 形交叉点处，系统不会自动添加节点。线条绘制完毕后，右击鼠标或按 Esc 键退出。

（3）设置线条属性。双击需要设置属性的线条（或在绘制状态下按 Tab 键），系统将弹出相应的线条属性编辑面板，如图 3-27 所示。

其中常用选项介绍如下。
- Line Width：设置线条的宽度。
- Current Layer：设置线条所在的层。

2. 放置焊盘

放置焊盘的步骤如下：

（1）执行菜单栏中"放置"→"焊盘"命令，或者单击工具栏中的"放置焊盘"按钮 ◉ ，光标变成十字形状并带有一个焊盘图标。

（2）将光标移到要放置焊盘的位置，单击即可放置该焊盘。

（3）此时软件仍处于放置焊盘状态，重复步骤（2）的操作即可放置其他的焊盘。

（4）设置焊盘属性。双击需要设置属性的焊盘（或在放置状态下按 Tab 键），系统将弹出相应的焊盘属性编辑面板，如图 3-28 所示。

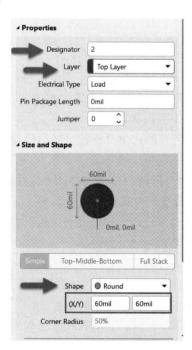

图 3-27　线条属性编辑面板　　　　　图 3-28　焊盘属性编辑面板

其中常用选项介绍如下。

- Designator：设置焊盘的标号，该标号要与原理图库中的元件符号管脚标号相对应。
- Layer：设置焊盘所在的层。
- Shape：设置焊盘的外形，有 Round(圆形)、Rectangle(矩形)、Octagonal(八边形)和 Rounded Rectangle(圆角矩形)4 种形状可供选择。
- (X/Y)：设置焊盘的尺寸。

3. 放置过孔

放置过孔的步骤如下：

(1) 执行菜单栏中"放置"→"过孔"命令，或者单击工具栏中的"放置过孔"按钮 ，光标变成十字形状并带有一个过孔图标。

(2) 将光标移到要放置过孔的位置，单击鼠标即可放置该过孔。

(3) 此时软件仍处于放置过孔状态，重复步骤(2)的操作即可放置其他过孔。

(4) 设置过孔属性。双击需要设置属性的过孔(或在放置状态下按 Tab 键)，系统将弹出相应的过孔属性编辑面板，如图 3-29 所示。

其中常用选项介绍如下。

- Drill Pair：设置过孔所连接到的层。
- Hole Size：设置过孔内径尺寸。
- Diameter：设置过孔外径尺寸。
- Solder Mask Expansion：设置过孔顶层和底层盖油。

4. 放置圆弧和放置圆

圆弧和圆的放置方法与 3.2 节介绍的放置方法一致，这里不再赘述。

5. 放置填充

放置填充的步骤如下：

(1) 执行菜单栏中"放置"→"填充"命令，或者单击工具栏中的"放置填充"按钮 ，光标变成十字形状。

(2) 将光标移到要放置填充的位置，单击鼠标确定填充的一个顶点，移动光标到合适的位置再一次单击确定其对角顶点，从而完成填充的绘制。

(3) 此时仍处于放置填充状态，重复步骤(2)的操作即可绘制其他的填充。

(4) 设置填充属性。双击需要设置属性的填充(或在绘制状态下按 Tab 键)，系统将弹出相应的填充属性编辑面板，如图 3-30 所示。

其中常用选项介绍如下。

- Layer：设置填充所在的层。
- Length：设置填充的长度。
- Width：设置填充的宽度。
- Paste Mask Expansion：设置填充的助焊层外扩值。
- Solder Mask Expansion：设置填充的阻焊层外扩值。

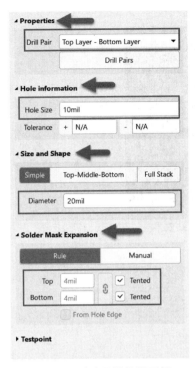

图3-29 过孔属性编辑面板

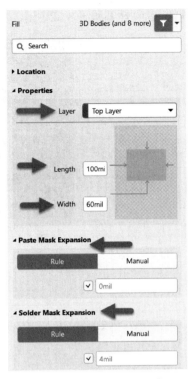

图3-30 填充属性编辑面板

6. 阵列式粘贴

阵列式粘贴是 Altium Designer PCB 设计中更加灵巧的粘贴工具,可一次把复制的对象粘贴出多个排列成圆形或线形阵列的对象。

阵列式粘贴的使用方法如下:

(1)复制一个对象后,执行菜单栏中"编辑"→"特殊粘贴"命令,或者按快捷键 E＋A,或者单击工具栏中的"阵列式粘贴"按钮 。

(2)在弹出的"设置粘贴阵列"对话框中输入需要的参数,即可把复制的对象粘贴出多个排列成圆形或线形阵列的对象,如图 3-31 所示。

图3-31 设置粘贴阵列属性

（3）粘贴后的效果如图 3-32 所示。

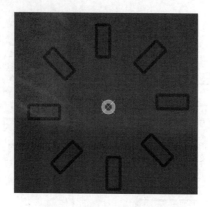

图 3-32　阵列式粘贴效果

3.6　封装制作

3.6.1　手工制作封装

手工制作封装的步骤如下：

（1）执行菜单栏中"文件"→"新的"→"库"→"PCB 元件库"命令，在 PCB 元件库编辑界面中会出现一个新的名为 PcbLib1. PcbLib 的库文件和一个名为 PCBCOMPONENT_1 的空白图纸，如图 3-33 所示。

（2）单击快速访问工具栏中的"保存"按钮 或者按快捷键 Ctrl+S，将库文件保存并更名为 Leonardo. PcbLib。

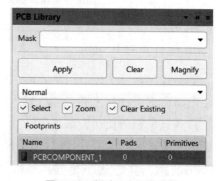

图 3-33　新建 PCB 库文件

（3）双击 PCBCOMPONENT_1，可以更改元件的名称，如图 3-34 所示。

图 3-34　更改元件名称

（4）下载相应的数据手册。此处以 LMV358 芯片为例，详细介绍手工创建封装。LMV358 芯片的规格书如图 3-35 所示。

MSOP

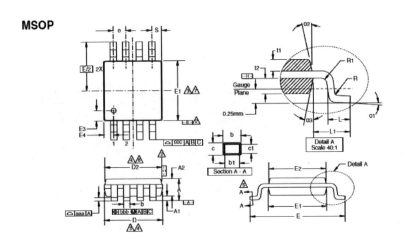

MSOP-8		
SYMBOL	MIN	MAX
A	1.10	--
A1	0.10	±0.05
A2	0.86	±0.08
D	3.00	±0.10
D2	2.95	±0.10
E	4.90	±0.15
E1	3.00	±0.10
E2	2.95	±0.10
E3	0.51	±0.13
E4	0.51	±0.13
R	0.15	+0.15/-0.06
R1	0.15	+0.15/-0.06
t1	0.31	±0.08
t2	0.41	±0.08
b	0.33	+0.07/-0.08
b1	0.30	±0.05
c	0.18	±0.05
c1	0.15	+0.03/-0.02
O1	3.0°	±3.0°
O2	12.0°	±3.0°
O3	12.0°	±3.0°
L	0.55	±0.15
L1	0.95 BSC	--
aaa	0.10	--
bbb	0.08	--
ccc	0.25	--
e	0.65 BSC	--
S	0.525 BSC	--

图 3-35　LMV358 封装尺寸

（5）执行菜单栏中"放置"→"焊盘"命令，在放置焊盘状态下按 Tab 键设置焊盘属性。因为该元件是表面贴片元件，所以焊盘的属性设置如图 3-36 所示。

（6）从图 3-35 可以了解到纵向焊盘的中心到中心间距为 0.65mm，横向间距为 4.225mm，按照规格书所示的管脚序号和间距一一摆放焊盘。放置焊盘通常可以通过以下两种方法实现焊盘的精准定位：

① 获得 X/Y 偏移量移动选中对象，如图 3-37 所示。

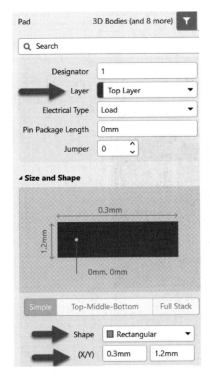

图 3-36　焊盘属性设置

图 3-37　获得 X/Y 偏移量移动选中对象

② 通过输入 X/Y 坐标移动对象,如图 3-38 所示。

通常使用以上两种方法都可以达到快速精准定位焊盘位置的效果,放置所有焊盘后的效果如图 3-39 所示。

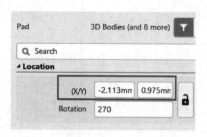

图 3-38　输入 X/Y 坐标移动对象

图 3-39　放置所有焊盘

(7) 在顶层丝印层(TopOverlayer)绘制元件丝印。按照上文放置线条的方法,按照器件规格书的尺寸绘制出元件的丝印框,线宽一般采用 0.2mm。

(8) 放置元件原点,按快捷键 E+F+C 将器件原点定在元件中心。

(9) 双击 PCB Library 列表中相应的元件,可以修改封装名及描述信息等,如图 3-40 所示。

图 3-40　修改元件描述信息

(10) 检查以上参数无误后,即完成了封装的创建,如图 3-41 所示。

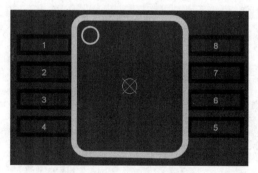

图 3-41　创建好的封装

3.6.2　IPC 向导(元件向导)制作封装

在 PCB 元件库编辑器的"工具"下拉菜单中有一个 IPC Compliant Footprint Wizard

命令,它可以根据元件数据手册填入封装参数,快速、准确地创建一个元件封装。下面以一个 SOP-8 和 SOT223 为例介绍 IPC 向导创建封装的详细步骤。

1. SOP-8 封装制作

SOP-8 封装规格书如图 3-42 所示。

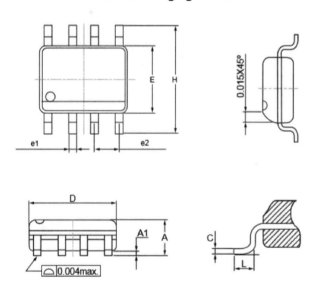

SOP-8 Packaging Outline

SYMBOLS	Millimeters			Inches		
	MIN.	Nom.	MAX.	MIN.	Nom.	MAX.
A	1.35	1.55	1.75	0.053	0.061	0.069
A1	0.10	0.17	0.25	0.004	0.007	0.010
C	0.18	0.22	0.25	0.007	0.009	0.010
D	4.80	4.90	5.00	0.189	0.193	0.197
E	3.80	3.90	4.00	0.150	0.154	0.158
H	5.80	6.00	6.20	0.229	0.236	0.244
e1	0.35	0.43	0.56	0.014	0.017	0.022
e2	1.27BSC			0.05BSC		
L	0.40	0.65	1.27	0.016	0.026	0.050

图 3-42　SOP-8 数据手册

(1) 在 PCB 元件库编辑界面下,执行菜单栏中"工具"→IPC Compliant Footprint Wizard 命令,弹出 PCB 元件库向导,如图 3-43 所示。

(2) 单击 Next 按钮,在弹出的 Select Component Type 对话框中,选择相应的封装类型,这里选择 SOP 系列,如图 3-44 所示。

(3) 选择好封装类型之后,单击 Next 按钮,在弹出的 SOP/TSOP Package Dimensions 对话框中根据图 3-42 所示的芯片规格书输入对应的参数,如图 3-45 所示。

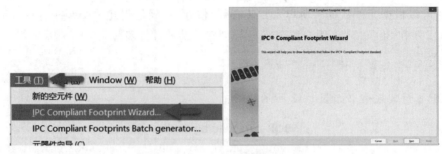

图 3-43　打开 PCB 元件库向导

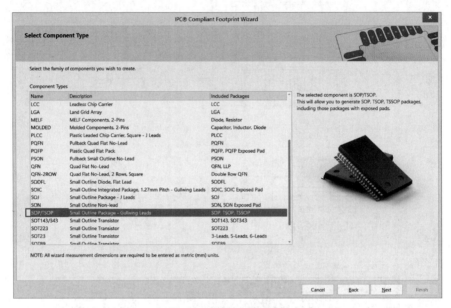

图 3-44　选择封装类型

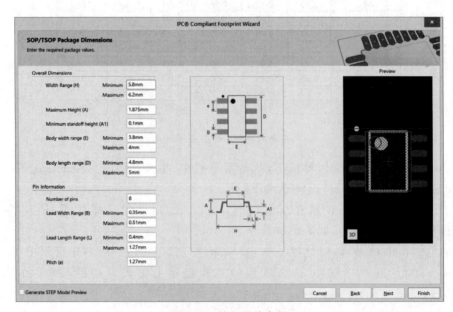

图 3-45　输入芯片参数

（4）参数输入完成后，单击 Next 按钮。在弹出的对话框中保持参数的默认值（即不用修改），一直单击 Next 按钮，直到在 Pad Shape（焊盘外形）选项组中选择焊盘的形状，如图 3-46 所示。

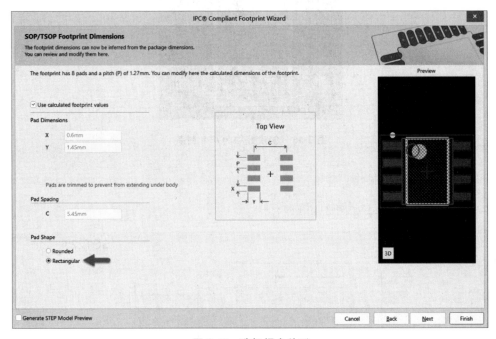

图 3-46　选择焊盘外形

（5）选择好焊盘外形以后，继续单击 Next 按钮，直到最后一步，编辑封装信息，如图 3-47 所示。

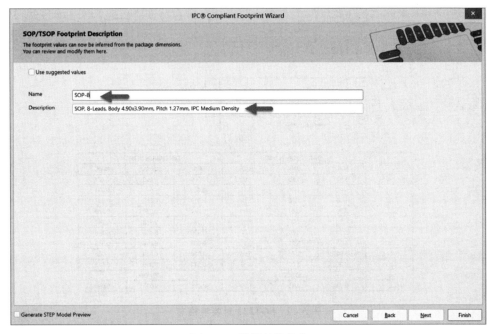

图 3-47　编辑封装信息

（6）单击 Finish 按钮，完成封装的制作，效果如图 3-48 所示。

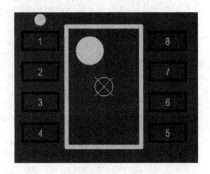

图 3-48　创建好的 SOP-8 封装

2. SOT223 封装制作

SOT223 封装规格书如图 3-49 所示。

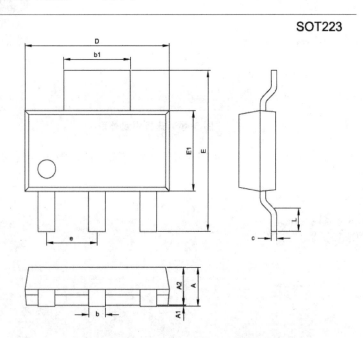

SOT223

Symble	DIMENSION IN MM			DIMENSION IN INCH		
	MIN.	NOM.	MAX.	MIN.	NOM.	MAX.
A	1.52	1.60	1.80	0.006	0.063	0.071
A1	0.02	- - -	0.10	0.001	- - -	0.004
A2	1.50	1.60	1.70	0.059	0.063	0.067
D	6.20	6.50	6.80	0.244	0.256	0.268
E	6.70	7.00	7.30	0.264	0.276	0.287
E1	3.30	3.50	3.70	0.130	0.138	0.146
c	0.23	0.25	0.33	0.009	0.010	0.013
b	0.60	0.70	0.84	0.024	0.028	0.033
b1	2.90	3.00	3.10	0.114	0.118	0.122
e	2.30 BSC			0.091 BSC		
L	0.90	0.95	1.00	0.035	0.037	0.040

图 3-49　SOT223 封装规格书

（1）在 PCB 元件库编辑界面下，执行菜单栏中"工具"→IPC Compliant Footprint Wizard 命令，弹出 PCB 元件库向导，如图 3-50 所示。

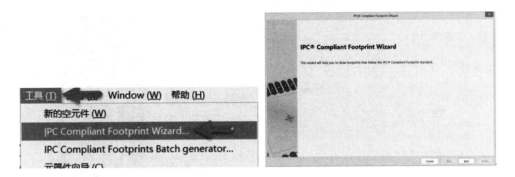

图 3-50　打开 PCB 元件库向导

（2）单击 Next 按钮，在弹出的 Select Component Type 对话框中选择相应的封装类型，这里选择 SOT223 系列。

（3）选择好封装类型之后，单击 Next 按钮，在弹出的参数对话框中根据芯片规格书输入对应的参数，如图 3-51 和图 3-52 所示。

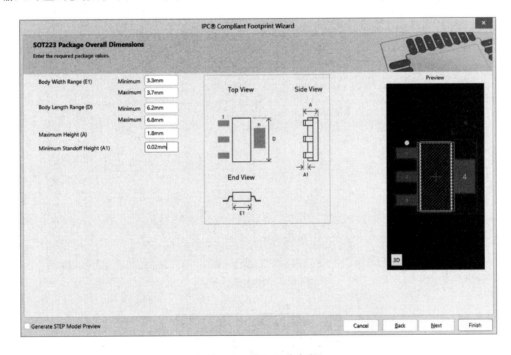

图 3-51　输入芯片参数

（4）参数输入完成后，单击 Next 按钮。在弹出的对话框中保持参数的默认值（即不用修改），一直单击 Next 按钮。

（5）直到最后一步，编辑封装信息，如图 3-53 所示。

（6）单击 Finish 按钮，完成封装的制作，效果如图 3-54 所示。

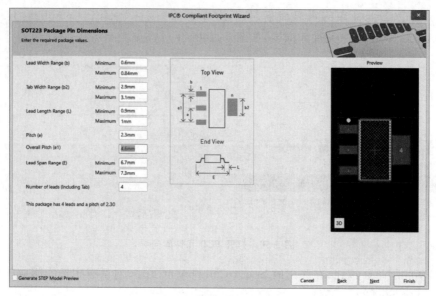

图 3-52　继续输入芯片参数

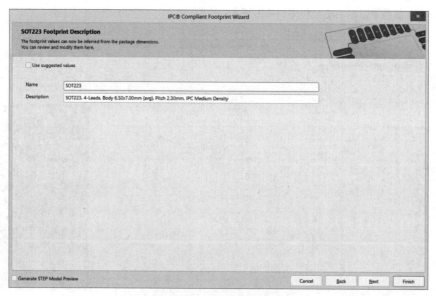

图 3-53　编辑封装信息

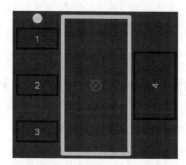

图 3-54　创建好的 SOT223 封装

3.7 创建及导入 3D 元件

在 Altium Designer 中 3D 元件体的来源一般有以下 3 种：

（1）使用 Altium 自带的 3D 元件体绘制功能，绘制简单的 3D 元件体模型。

（2）在其他网站下载 3D 模型，用导入的方式加载 3D 模型。

（3）使用 SolidWorks 等专业三维软件创建。

3.7.1 用 AD 软件绘制简单的 3D 模型

使用 Altium 自带的 3D 元件体绘制功能，可以绘制简单的 3D 元件体模型。下面以 0603R 为例，绘制简单的 0603 封装的 3D 模型。

（1）打开封装库，找到 0603R 封装，如图 3-55 所示。

图 3-55　0603R 电阻封装

（2）执行菜单栏中"放置"→"3D 元件体"命令，软件会自动跳到 Mechanical 层并出现一个十字光标，按 Tab 键，弹出如图 3-56 所示模型选择及参数设置面板。

（3）选择 Extruded（挤压型），并按照 0603R 的封装规格书输入参数，如图 3-57 所示。

（4）设置好参数后，按照实际尺寸绘制 3D 元件体，绘制好的网状区域即 0603R 的实际尺寸，如图 3-58 所示。

（5）按键盘左上角的数字键"3"，查看 3D 效果，如图 3-59 所示。

3.7.2 导入 3D 模型

对于一些复杂元件的 3D 模型，可以通过导入 3D 元件体的方式放置 3D 模型。3D 模型可以通过

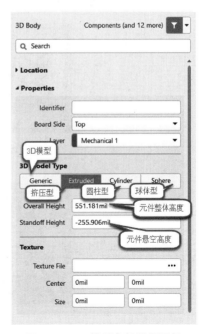

图 3-56　3D 模型参数设置面板

http://www.3dcontentcentral.com/进行下载。

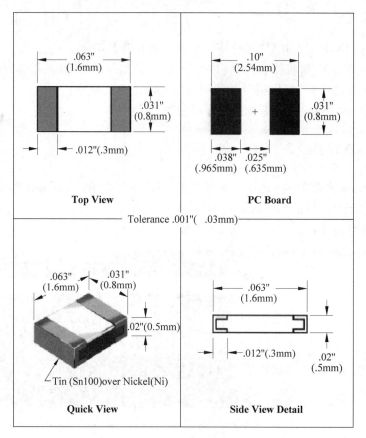

图 3-57　0603R 封装尺寸

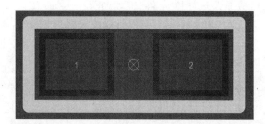

图 3-58　绘制好的 3D 模型

图 3-59　0603R 3D 效果

下面对这种方法进行介绍。

（1）打开 PCB 元件库，找到 0603R 封装，与上文中手工绘制 3D 模型步骤一样。

（2）执行菜单栏中"放置"→"3D 元件体"命令，软件会跳到 Mechanical 层并出现一个十字光标，按 Tab 键，弹出如图 3-60 所示模型选择及参数设置面板。选择 Generic 类型，单击 Choose 按钮，在弹出的 Choose Model 对话框中选择 3D 模型文件，后缀为 STEP 或 STP 格式。

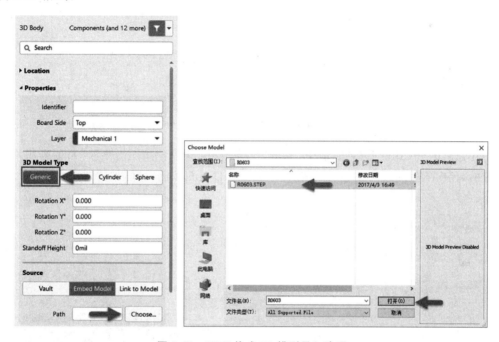

图 3-60　STEP 格式 3D 模型导入选项

（3）打开选择的 3D 模型，并放到相应的焊盘位置，切换到 3D 视图，查看效果，如图 3-61 所示。

图 3-61　导入的 3D 模型

3.8　元件与封装的关联

有了原理图库和 PCB 元件库之后，接下来就是将元件与其对应的封装关联起来。打开 SCH Library 面板，选择其中一个元件，在 Editor 栏中单击 Add Footprint 按钮，如图 3-62 所示。

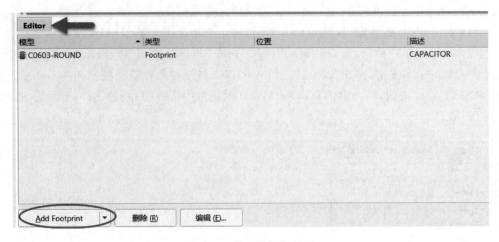

图 3-62　给元件添加封装

在弹出的"PCB 模型"对话框中,单击"浏览"按钮,在弹出的"浏览库"对话框中找到对应的封装库,然后添加相应的封装,即可完成元件与封装的关联,如图 3-63 所示。

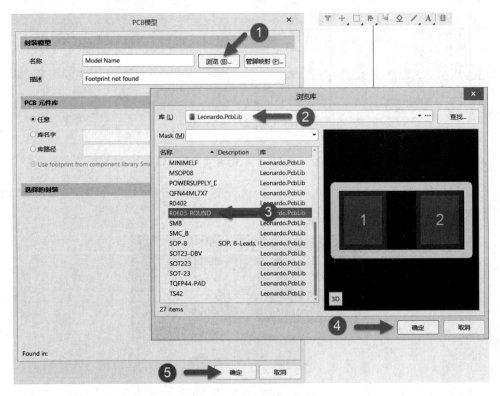

图 3-63　添加封装模型

上面是单个元件添加封装模型的方法,下面介绍使用"符号管理器"为所有元件库符号添加封装模型的方法。

(1) 执行菜单栏中"工具"→"符号管理器"命令,或单击工具栏中的"符号管理器"按钮 　。

（2）在弹出的"模型管理器"对话框中（如图 3-64 所示），左侧以列表的形式给出了元件，右边的 Add Footprint 按钮则是用于为元件添加对应的封装。

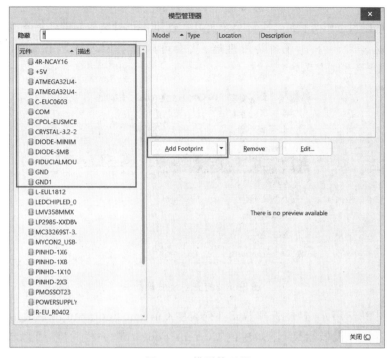

图 3-64　模型管理器

（3）单击 Add Footprint 右侧的下拉按钮，在弹出的菜单中选择 Footprint 命令，在弹出的"PCB 模型"对话框中单击"浏览"按钮，在弹出的"浏览库"对话框中选择对应的封装，然后依次单击"确定"→"确定"→"关闭"按钮，即可完成元件符号与封装的关联，如图 3-65 所示。

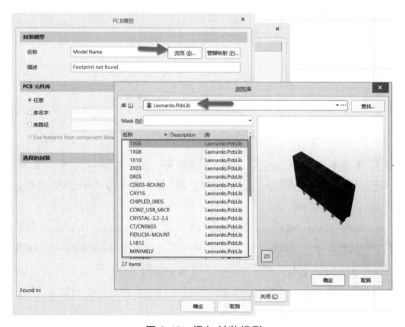

图 3-65　添加封装模型

3.9 封装管理器的使用

(1) 在原理图编辑界面下,执行菜单栏中"工具"→"封装管理器"命令(如图 3-66 所示),或按快捷键 T＋G,打开封装管理器,从中可以查看原理图所有元件对应的封装模型。

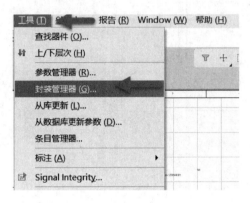

图 3-66 打开封装管理器

(2) 如图 3-67 所示,封装管理器元件列表中 Current Footprint 一栏展示的是元件当前的封装;若元件没有封装,则对应的 Current Footprint 一栏为空,可以单击右侧"添加"按钮添加新的封装。

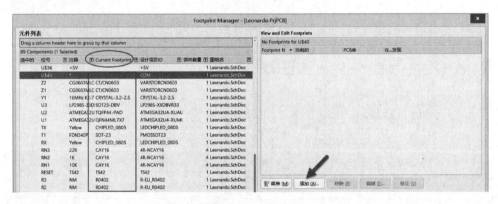

图 3-67 封装管理器

(3) 封装管理器不仅可以为单个元件添加封装,还可以同时对多个元件进行封装的添加、删除、编辑等操作。此外,还可以通过"注释"等值筛选,局部或全局更改封装名,如图 3-68 所示。

(4) 单击右侧的"添加"按钮,在弹出的"PCB 模型"对话框中单击"浏览"按钮,选择对应的封装库并选中需要添加的封装,单击"确定"按钮完成封装的添加,如图 3-69 所示。添加完封装后,单击"接受变化(创建 ECO)"按钮,如图 3-70 所示。在弹出的"工程变更指令"对话框中单击"执行变更"按钮,最后单击"关闭"按钮,即可完成在封装管理器中添加封装的操作,如图 3-71 所示。

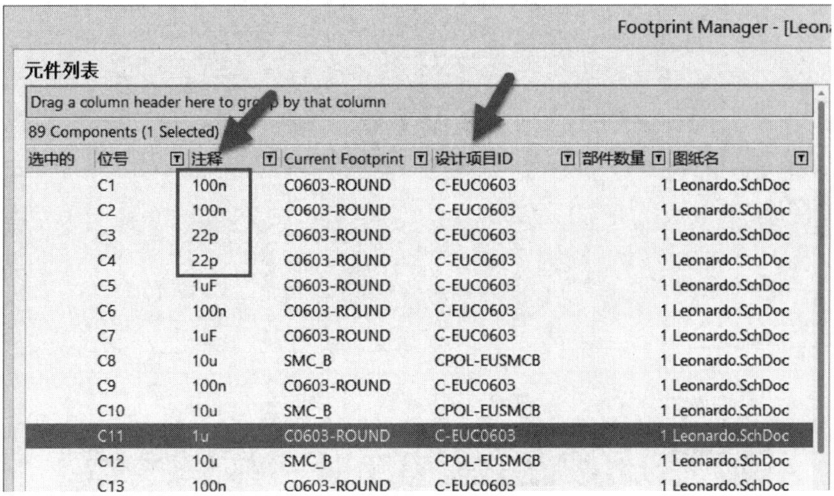

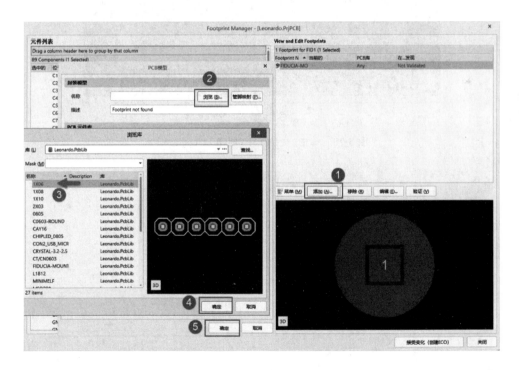

图 3-68　封装管理器筛选功能的使用

图 3-69　使用封装管理器添加封装

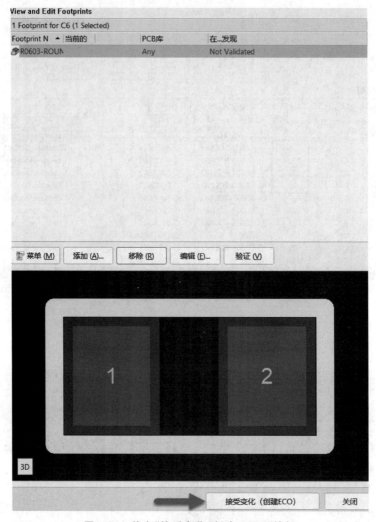

图 3-70　单击"接受变化(创建 ECO)"按钮

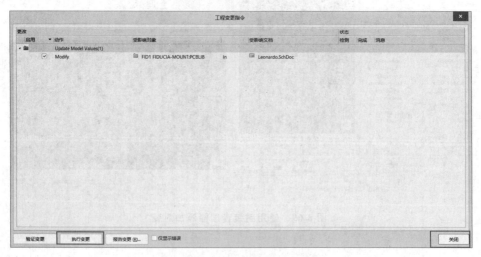

图 3-71　"工程变更指令"对话框

3.10 集成库的制作方法

3.10.1 集成库的创建

在进行 PCB 设计时,经常会遇到这样的情况,即系统库中没有自己所需要的元件。这时可以创建自己原理图库和 PCB 元件库。而如果创建一个集成库,它能将原理图库和 PCB 元件库的元件一一对应关联起来,使用起来更加方便、快捷。创建集成库的方法如下:

(1) 执行菜单栏中"文件"→"新的"→"项目"→"集成库"命令,创建一个新的集成库文件。

(2) 执行菜单栏中"文件"→"新的"→"库"→"原理图库"命令,创建一个新的原理图库文件。

(3) 执行菜单栏中"文件"→"新的"→"库"→"PCB 元件库"命令,创建一个新的 PCB 元件库文件。

单击快速访问工具栏中的"保存"按钮 ![save] ;或按快捷键 Ctrl+S,保存新建的集成库文件,将上面 3 个文件保存在同一路径下,如图 3-72 所示。

图 3-72 创建好的集成库文件

(4) 为集成库中的原理图库和 PCB 元件库添加元件和封装,此处复制前面制作好的原理图库和 PCB 元件库,并将它们关联起来,即为原理图库元件添加相应的 PCB 封装,如图 3-73 所示。

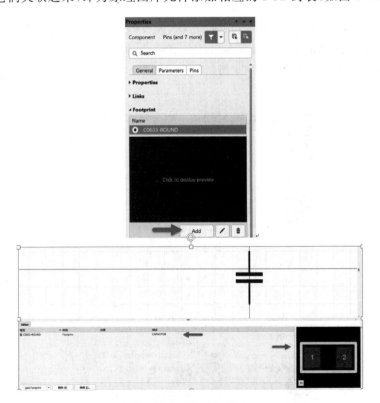

图 3-73 为原理图库元件添加相应的 PCB 封装

（5）将光标移动到 Integrated_Library1. LibPkg 位置，单击鼠标右键，执行 Compile Integrated Library Integrated_Library1. LibPkg（编译集成库）命令，如图 3-74 所示。

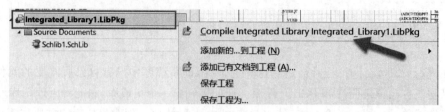

图 3-74　编译集成库

（6）在集成库保存路径下，在 Project Outputs for Integrated_Library1 文件夹中得到集成库文件 Integrated_Library1. IntLib，如图 3-75 所示。

图 3-75　得到集成库文件

3.10.2　集成库的加载

集成库创建完成后，如何进行调用呢？这就涉及集成库的加载了。单击 PCB 编辑界面右边栏上的 Components 标签，在弹出的任意一个库列表中单击鼠标右键，执行 Add or Remove Libraries 命令，如图 3-76 所示。

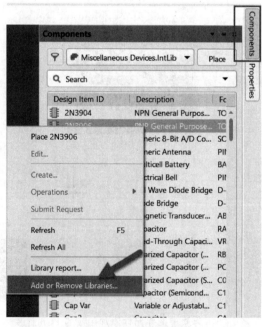

图 3-76　添加库步骤

在弹出的"可用库"对话框中单击"添加库"按钮,如图 3-77 所示。在弹出的对话框中打开库路径,添加 Project Outputs for Integrated_Library 文件夹中的 Integrated_Library1.IntLib 集成库文件,即可完成集成库的加载,如图 3-78 所示。

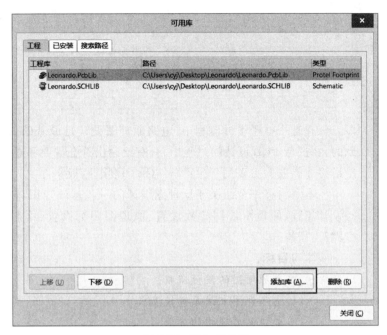

图 3-77　添加库步骤

图 3-78　添加对应的集成库文件

成功加载后可在库下拉列表中看到添加的集成库,如图 3-79 所示。添加其他库的方法与添加集成库的方法一致。

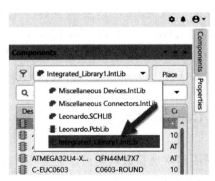

图 3-79　成功加载集成库文件

第 4 章 原理图设计流程

在整个电子设计流程中,电路原理图设计是最基础的部分。相同的,在进行 PCB 设计的过程中,只有绘制出符合需要和规范的原理图,最终才能变为可以用于生产的 PCB 印制电路板文件。

本章将详细介绍关于原理图设计的一些基础知识,包括原理图的设计流程、原理图常用参数设置、原理图图纸设置、绘制原理图的步骤等。

学习目标:
- 熟悉原理图的设计流程。
- 熟悉原理图常用参数设置。
- 掌握绘制原理图的方法。
- 掌握原理图编译功能的使用。

4.1 原理图常用参数设置

在原理图绘制过程中,其效率和正确性往往与环境参数的设置有着密切的关系。系统参数设置合理与否,直接影响到设计过程中软件的功能能否充分发挥。

执行菜单栏中"工具"→"原理图优先项"命令,或在原理图编辑窗口内单击鼠标右键,在弹出的快捷菜单中执行"原理图优先项"命令,即可打开"优选项"对话框。

在左侧的 Schematic 选项卡下有 8 个子选项卡,分别为 General(常规设置)、Graphical Editing(图形编辑)、Compiler(编译器)、AutoFocus(自动获得焦点)、Library AutoZoom(原理图库自动缩放模式)、Grids(栅格)、Break Wire(打破线)、Defaults(默认)。

4.1.1 General 参数设置

原理图的常规参数设置可以通过 General(常规设置)子选项卡来实现,如图 4-1 所示。

原理图的常规参数设置、推荐配置如下。

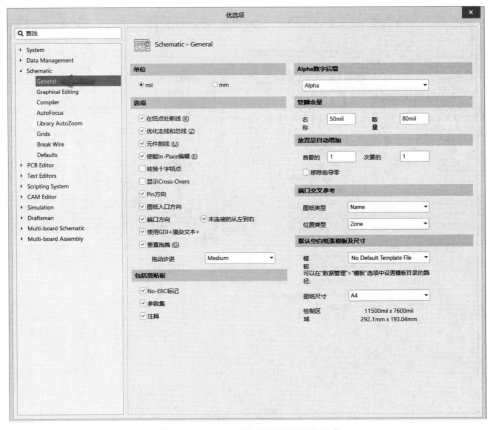

图 4-1 General(常规设置)子选项卡

(1) 优化总线和走线(Optimize Wires & Buses):主要针对画线。勾选此复选框时,系统对于重复绘制的导线会进行移除。

(2) 元件割线(Components Cut Wires):勾选此复选框,当移动元件到导线上时,导线会自动断开,把元件嵌入导线中。

(3) 使能 In-Place 编辑(Enable In-Place Editing):勾选此复选框,可以对绘制区域内的文字直接编辑,不需要进入属性编辑框之后再编辑。

(4) 转换十字节点(Convert Cross-Junctions):勾选此复选框,两条网络连接的导线十字交叉连接时,交叉节点将自动分开成两个电气节点。

(5) 显示 Cross-Overs(Display Cross-Overs):勾选此复选框,两条非网络连接的导线相交时,穿越导线区域将显示跨接圆弧。

(6) 垂直拖曳(Drag Orthogonal):直角拖曳。

(7) 图纸尺寸(Sheet Size):默认图纸尺寸。

常用配置如图 4-1 所示。完成配置后,单击"应用"按钮,生效配置。

4.1.2 Graphical Editing 参数设置

图形编辑环境的参数设置可以通过 Graphical Editing(图形编辑)子选项卡来实现,如图 4-2 所示。该子选项卡主要用来设置与绘图有关的一些参数。

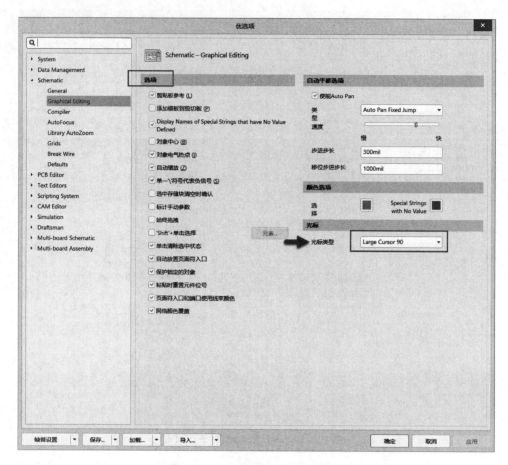

图 4-2　Graphical Editing 子选项卡

其中常用选项涉及原理图图形设计的相关信息,推荐配置如下。

(1) 单一"\"符号代表负信号(Single"\"Negation):一般在电路设计中,习惯在管脚的说明顶部加一条横线表示该管脚低电平有效,在网络标签上也采用此种标识方法。Altium Designer 19 允许用户使用"\"为文字添加一条横线。例如,RESET 低电平有效,可以采用"\R\E\S\E\T"的方式为该字符串顶部加一条横线。勾选该复选框后,只要在网络标签名称的第一个字符前加一个"\",则该网络标签名称将全部被加上横线。

(2) 单击清除选中状态(Click Clears Selection):在空白处单击鼠标左键,退出选择状态。

(3) 颜色选项(Color Options):选择状态的颜色显示,为了区别选择和非选择状态。

(4) 光标(Cursor):光标显示形态,系统提供了 4 种光标类型。

- Large Cursor 90:大型 90°十字光标。
- Small Cursor 90:小型 90°十字光标。
- Small Cursor 45:小型 45°斜线光标。
- Tiny Cursor 45:极小型 45°斜线光标。

"光标类型"建议选择 Large Cursor 90,方便对齐操作。

常用配置如图 4-2 所示。完成配置后,单击"应用"按钮,生效配置。

4.1.3　Compiler 参数设置

Compiler 子选项卡用于原理图编译参数的相关设置，推荐配置如图 4-3 所示。

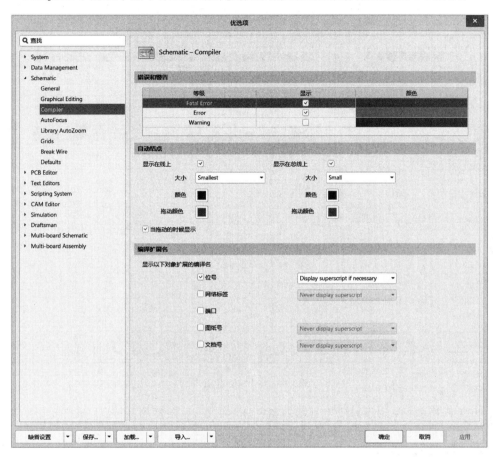

图 4-3　Compiler 子选项卡

其中常用选项介绍如下。

（1）错误和警告（Errors & Warnings）：颜色显示分为 3 个类别，Fatal Error（严重错误）、Error（错误）、Warning（警告）。

（2）自动节点（Auto-Junctions）：设置布线时系统自动生成节点的样式，可以分别设置大小和颜色。对于编辑错误的提示，一般设置为红色。

4.1.4　Grids 参数设置

Grids（栅格）子选项卡用于设置原理图栅格相关参数，如图 4-4 所示。

其中常用选项介绍如下。

（1）栅格（Grids）：用于设置栅格显示类型，有 Dot Grid 型和 Line Grid 型之分，一般习惯设置为 Line Grid。

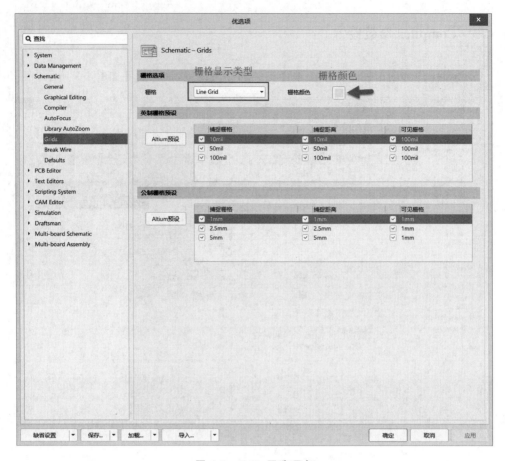

图 4-4　Grids 子选项卡

（2）栅格颜色：用于对栅格显示的颜色进行设置，一般使用系统默认的灰色。

4.2　原理图设计流程

Altium Designer 19 的原理图设计大致可以分为如图 4-5 所示的 9 个步骤。

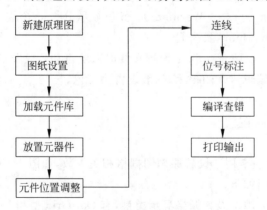

图 4-5　原理图设计流程

（1）新建原理图。这是原理图设计的第一步。

（2）图纸设置。图纸设置就是要设置图纸的大小、方向等参数。图纸设置要根据电路图的内容和标准化来进行。

（3）加载元件库。加载元件库就是将原理图绘制所需用到的元件库添加到工程中。

（4）放置元件。从加载的元件库中选择需要的元件,放置到原理图中。

（5）元件位置调整。根据原理图设计需要,将元件调整到合适的位置和方向,以便连线。

（6）连线。根据所要设计的电气关系,用带有电气属性的导线、总线、线束和网络标号等将各个元件连接起来。

（7）位号标注。使用原理图标注工具将元件的位号统一标注。

（8）编译查错。在绘制完原理图后、绘制 PCB 之前,需要用软件自带的 ERC (Electrical Rule Check)功能对常规的一些电气规则进行检查,避免一些常规性错误。

（9）打印输出。设计完成后,根据需要,可选择对原理图进行打印或输出电子档格式文件。

4.3　原理图图纸设置

4.3.1　图纸大小

Altium Designer 19 原理图图纸大小默认为 A4 大小,用户可以根据设计需要将图纸大小设置为其他尺寸。

设置方法为:在原理图图纸框外空白区域双击鼠标左键,弹出如图 4-6 所示的对话框,在 Sheet Size 下拉列表框中选择需要的图纸大小。

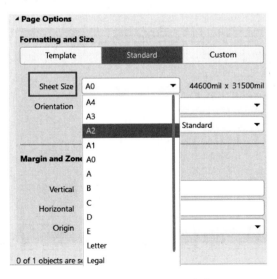

图 4-6　设置原理图图纸大小

4.3.2 图纸栅格

进入原理图编辑环境后，可以看到其界面背景呈现为网格（或称栅格）形。这种栅格就是可视栅格，是可以改变的。栅格为元件的放置和线路的连接带来了极大的方便，用户可以轻松地排列器件、整齐地连线。Altium Designer 19 中有"捕捉栅格""可视栅格"和"电气栅格"3 种栅格。单击绘图工具栏中的"栅格"按钮 ⊞▾，可以对图纸的栅格进行设置，如图 4-7 所示。

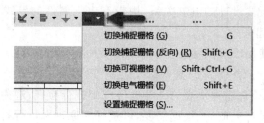

图 4-7　图纸栅格设置

4.3.3 创建原理图模板

利用 Altium Designer 软件在原理图中创建自己的模板，可以在图纸的右下角绘制一个表格用于显示图纸的一些参数，例如文件名、作者、修改时间、审核者、公司信息、图纸总数及图纸编号等。用户可以按照自己的需求自定义模板风格，还可以根据需要显示内容的多少来添加或减少表格的数量。创建原理图模板的步骤如下：

（1）在 AD 原理图设计环境下，新建一个空白原理图文件，如图 4-8 所示。

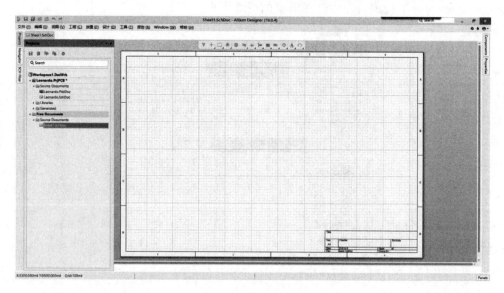

图 4-8　新建原理图文件

（2）设置原理图。进入空白原理图文档后，打开 Properties 面板，在 Page Options 下的 Formatting and Size 参数栏中单击 Standard 标签，取消勾选 Title Block 复选框，将原理图右下角的标题区块取消，用户可以重新设计一个符合本公司的图纸模板，如图 4-9 所示。

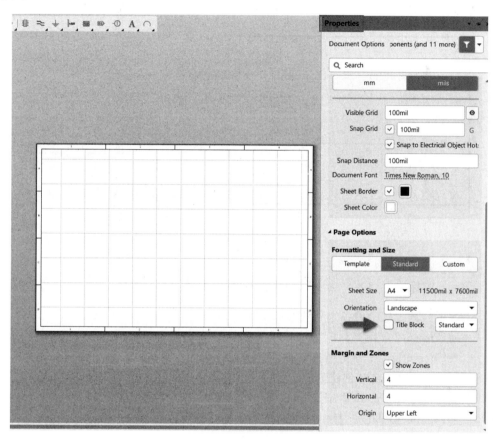

图 4-9　取消勾选 Title Block 复选框

（3）设计模板。单击工具栏中的"绘图工具"按钮，在弹出的下拉列表中单击"放置线条"按钮，开始绘制图纸信息栏图框（具体图框风格可根据自己公司的要求进行设计。注意，不能使用 Wire 线绘制，建议将线型修改为 Smallest，颜色修改为黑色）。绘制好的信息栏图框如图 4-10 所示。

图 4-10　绘制好的信息栏图框

（4）接下来就是在信息栏中添加各类信息。这里放置的文本有两种类型，一种是固定文本，另一种是动态信息文本。固定文本一般为标题文本。例如，在第一个框中要放置固定文本"文件名"，可以执行菜单栏中"放置"→"文本字符串"命令，待光标变成十字形状并带有一个文本字符串 Text 标志后，将其移到第一个框中，单击鼠标左键即可放置文本字符串；单击文本字符串，将其内容改为"文件名"。

（5）动态文本的放置方法和固定文本的放置方法一样，只不过动态文本需要在 Text 下拉列表框中选择对应的文本属性。例如，要在"文件名"后面放置动态文本，可在加入另一个文本字符串后，双击该文本字符串，打开文本属性编辑面板，在 Text 下拉列表框中选择"＝DocumentName"选项，单击"确定"按钮后，在图纸上会自动显示当前文档的完整文件名，如图 4-11 所示。

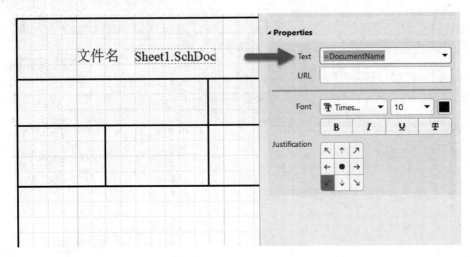

图 4-11　添加信息栏信息

Text 下拉列表框中的各选项说明如下。

- ＝Current：显示当前的系统时间。
- ＝CurrentDate：显示当前的系统日期。
- ＝Date：显示文档创建日期。
- ＝DocumentFullPathAnName：显示文档的完整保存路径。
- ＝DocumentName：显示当前文档的完整文件名。
- ＝ModifiedDate：显示最后修改的日期。
- ＝ApprovedBy：显示图纸审核人。
- ＝CheckedBy：显示图纸检验人。
- ＝Author：显示图纸作者。
- ＝CompanyName：显示公司名称。
- ＝DrawnBy：显示绘图者。
- ＝Engineer：显示工程师。需在文档选项中预设数值，才能被正确显示。
- ＝Organization：显示组织/机构。
- ＝Address1/2/3/4：显示地址 1/2/3/4。
- ＝Title：显示标题。
- ＝DocumentNumber：显示文档编号。
- ＝Revision：显示版本号。
- ＝SheetNumber：显示图纸编号。
- ＝SheetTotal：显示图纸总页数。
- ＝ImagePath：显示影像路径。

- =Rule：显示规则。需要在文档选项中预设值。

图 4-12 所示为已经创建好的 A4 模板。

文件名	Sheet1.SchDoc					
图纸大小 *	序号 *		版本号 *		制图	*
日期 *	时间 *		页码	*	审核	*
文件路径 *						

图 4-12 创建好的 A4 模板

（6）创建好模板后，执行菜单栏中"文件"→"另存为"命令，在弹出的对话框中输入"文件名"（在此保持默认设置），设置"保存类型"为 Advanced Schematic template(∗.SchDot)，然后单击"保存"按钮，即可保存创建好的模板文件，如图 4-13 所示。

图 4-13 保存模板

4.3.4 调用原理图模板

（1）有了前面创建好的原理图模板后，如果想调用此模板，需打开"优选项"对话框，在 Schematic 选项卡下选择 General 子选项卡，在"默认空白纸张模板及尺寸"选项组中打开"模板"下拉列表框，从中选择之前创建好的模板，如图 4-14 所示。这样设置好之后，下次新建原理图文件时软件就会调用用户自己建立的模板了（注意：要先设置好模板再新建原理图，系统才会调用用户自己建立的模板，否则都是软件默认的原理图模板）。

（2）在 Graphical Editing 子选项卡中勾选 Display Names of Special Strings that have No Value Defined 复选框，否则特殊字符将不能正常转换，如图 4-15 所示。

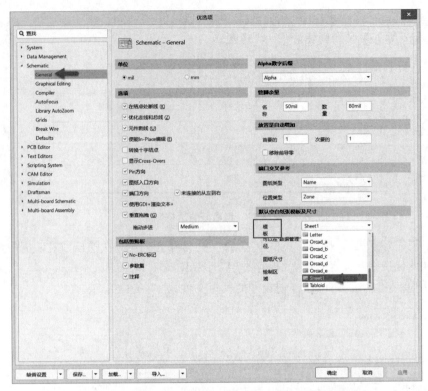

图 4-14　在"模板"下拉列表框中选择之前创建好的模板

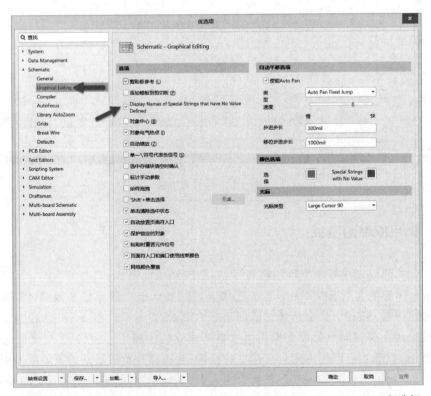

图 4-15　勾选 Display Names of Special Strings that have No Value Defined 复选框

（3）在将模板应用到原理图中后，需要将特殊字符修改成对应的值时，需在 Properties 面板中打开 Parameters 栏，找到对应的特殊字符，将其 Value 值改成想要的参数值即可，如图 4-16 所示。

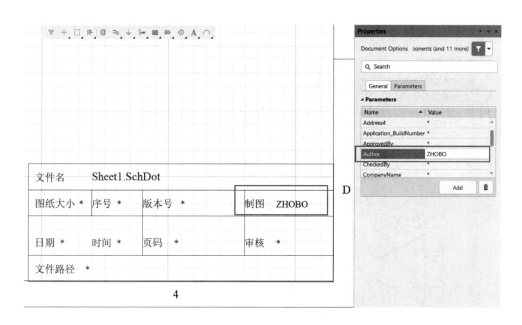

图 4-16 修改特殊字符的 Value 值

（4）用户除了调用自己创建的模板以外，还可以调用 Altium Designer 软件自带的模板。调用模板以及修改对应数值的方法与前面介绍的一致。

4.4 放置元器件

4.4.1 查找并放置元器件

如要在原理图中放置元器件，需要在当前项目加载的元器件库中找到对应的元件并放置。下面以放置 LMV358MMX 为例，说明放置元件的具体步骤。

（1）在 Components 面板的元件库下拉列表框中选择 Leonardo.SCHLIB，使之成为当前库；同时库中的元件列表显示在库的下方，在元件列表中找到元件 LMV358MMX，如图 4-17 所示。

（2）选中元器件后，单击鼠标右键，执行 Place LMV358MMX 命令，或者双击元件名，光标变成十字形状，同时光标上面悬浮着一个 LMV358MMX 元件符号的轮廓。放置元器件之前按 Space(空格)键可以使元件旋转，用来调整元件的位置和方向。这时单击鼠标左键即可在原理图中放置元器件，如图 4-18 所示。按 Esc 键或者单击鼠标右键退出。

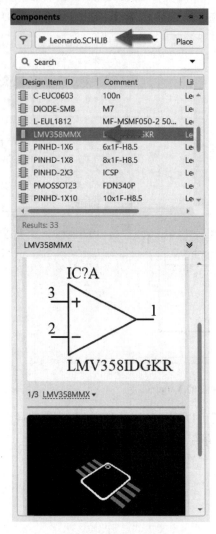

图 4-17　查找元器件

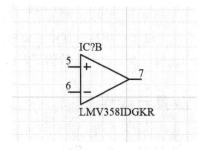

图 4-18　放置元器件

4.4.2　设置元件属性

双击需要编辑的元器件,或者在放置元件过程中按 Tab 键,打开 Properties(属性)面板,如图 4-19 所示。下面介绍一下元件常规属性的设置。

- Designator:用来设置元器件序号,也就是位号。在 Designator 文本框中输入元件标识,如 U1、R1 等。该文本框右边的 ◉ 图标用来设置元器件标识在原理图上是否可见,最右边的 🔒 图标用来设置元器件的锁定与解锁。
- Comment:用来设置器件的基本特征,例如电阻的阻值、功率、封装尺寸等,或者电容的容量、公差、封装尺寸等,也可以是芯片的型号。用户可自己随意修改器件的注释而不会发生电气错误。

图 4-19　Properties（属性）面板

- Design Item ID：在整个设计项目中系统随机分配给元器件的唯一 ID 号，用来与 PCB 同步，用户一般不用修改。
- Footprint：用于给元件添加或者删除封装。

4.4.3　元件的对齐操作

执行菜单栏中"编辑"→"对齐"命令，在弹出的子菜单中用户可以自行选择需要的对齐操作，如图 4-20 所示。

4.4.4　元器件的复制和粘贴

1. 元器件的复制

元器件的复制是指将元器件复制到剪贴板中。

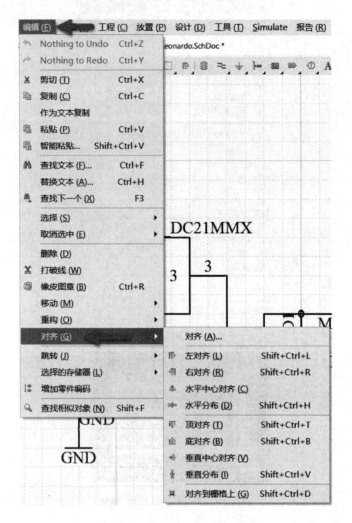

图 4-20　元器件对齐设置命令

（1）在电路原理图中选中需要复制的元器件或元器件组。

（2）进行复制操作，有 3 种方法。

- 执行菜单栏中"编辑"→"复制"命令。
- 单击工具栏中的"复制"按钮 。
- 按快捷键 Ctrl＋C 或者 E＋C。

执行上述操作之一，即可将元器件复制到剪贴板中，完成复制操作。

2. 元器件的粘贴

元器件的粘贴就是把剪贴板中的元器件放置到编辑区中，有 3 种方法。

- 执行菜单栏中"编辑"→"粘贴"命令。
- 单击工具栏中的"粘贴"按钮 。
- 按快捷键 Ctrl＋V 或者 E＋P。

3. 元器件的智能粘贴

元器件的智能粘贴是指一次性按照指定的间距将同一个元器件重复粘贴到图纸上。

执行菜单栏中"编辑"→"智能粘贴"命令,或者按快捷键 Shift+Ctrl+V,弹出"智能粘贴"对话框,如图 4-21 所示。

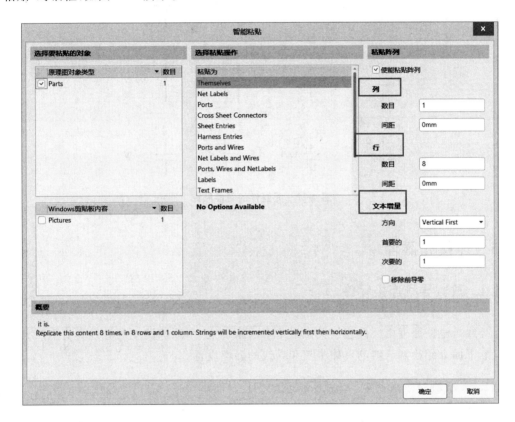

图 4-21 "智能粘贴"对话框

- 列(Rows):用于设置列参数。其中,数目(Count)用于设置每一列中所要粘贴的元器件个数,间距(Spacing)用于设置每一列中两个元件的垂直间距。
- 行(Columns):用于设置行参数。其中,数目(Count)用于设置每一行中所要粘贴的元器件个数,间距(Spacing)用于设置每一行中两个元件的水平间距。
- 文本增量:用于设置执行智能粘贴后元器件位号的文本增量。在"首要的"文本框中输入文本增量数值,正数是递增,负数则为递减。执行智能粘贴后,所粘贴出来的元器件位号将按顺序递增或递减。

智能粘贴具体操作步骤如下:在每次进行智能粘贴前,必须先通过复制操作将选取的元器件复制到剪贴板中。然后执行"智能粘贴"命令,设置"智能粘贴"对话框,即可实现选定器件的智能粘贴。图 4-22 所示为放置的一组 4×4 的智能粘贴电容。

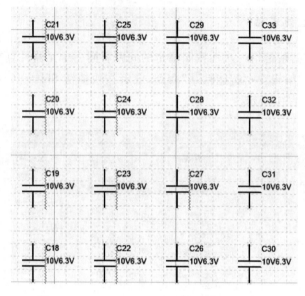

图 4-22　元器件的智能粘贴

4.5　连接元器件

4.5.1　放置导线连接元件

导线是电路原理图元件连接关系最基本的组件之一,原理图中的导线具有电气连接意义。下面介绍绘制导线的具体步骤和导线的属性设置。

1. 启动绘制导线命令

启动绘制导线命令主要有 4 种方法:

- 执行菜单栏中"放置"→"线"命令,进入导线绘制状态。
- 单击布线工具栏中的"放置线"按钮■,进入绘制导线状态。
- 在原理图图纸空白区域单击鼠标右键,在弹出的快捷菜单中执行"放置"→"线"命令。
- 按快捷键 P+W。

2. 绘制导线

进入绘制导线状态后,光标变成十字形状,系统处于绘制导线状态。绘制导线的具体步骤如下:

(1)将光标移到要绘制导线的起点(建议用户把电气栅格打开,按快捷键 Shift+E 可打开或关闭电气栅格)。若导线的起点是元器件的管脚,当光标靠近元器件管脚时,光标会自动吸附到元器件的管脚上,同时出现一个红色的×(表示电气连接的意思)。单击鼠标左键确定导线起点。

（2）将光标移到导线折点或终点，在导线折点或终点处单击鼠标左键确定导线的位置。每折一次都要单击鼠标左键一次。导线转折时，可以通过按 Shift＋空格键来切换导线转折的模式。如图 4-23 所示为导线的 3 种转折模式。

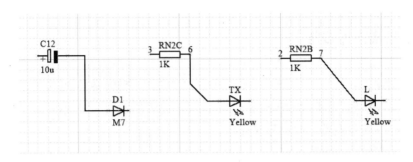

图 4-23　导线的 3 种转折模式

（3）绘制完第一条导线后，此时系统仍处于绘制导线状态，将光标移到新的导线起点，按照上面的方法继续绘制其他导线。

（4）绘制完所有导线后，按 Esc 键或单击鼠标右键退出绘制导线状态。

4.5.2　放置网络标号和电源端口

在原理图绘制过程中，元器件之间的电气连接除了使用导线外，还可以通过放置网络标号来实现。网络标号实际上就是一个具有电气属性的网络名，具有相同网络标号的导线或总线表示电气网络相连。在连接线路比较远或者线路走线复杂时，使用网络标号代替实际走线会使电路简化、美观。

启动放置网络标号命令的方法有 4 种：

- 执行菜单栏中"放置"→"网络标签"命令。
- 单击布线工具栏中的"放置网络标签"按钮 Net 。
- 在原理图图纸空白区域单击鼠标右键，在弹出的快捷菜单中执行"放置"→"网络标签"命令。
- 按快捷键 P＋N。

放置网络标号的具体步骤如下：

（1）启动放置网络标号命令后，光标变成十字形状。将光标移到要放置网络标号的位置（导线或者总线），光标上出现红色的×。此时单击鼠标左键就可以放置一个网络标号了，但是一般情况下，为了避免后面修改网络标号的麻烦，应在放置网络标号前按 Tab 键，设置网络标号的属性（一般只需设置 Net Name 这一项即可），如图 4-24 所示。

图 4-24　网络标号属性编辑面板

（2）将光标移到其他位置，继续放置网络标号。一般情况下，放置完第一个网络标号后，如果网络标号的末尾是数字，那么后面放置的网络标号的数字会递增。

（3）单击鼠标右键或按 Esc 键，退出放置网络标号状态。

4.5.3 放置离图连接器

在原理图编辑环境下，Off Sheet Connector（离图连接器）的作用其实跟 Net Label（网络标号）是一样的，只不过 Off Sheet Connector 通常用于同一工程内多页"平坦式"原理图中相同电气网络属性之间的导线连接。

离图连接器的放置方法如下：

（1）执行菜单栏中"放置"→"离图连接器"命令或者按快捷键 P+C。

（2）双击已经放置的离图连接器或者在放置的过程中按 Tab 键，修改离图连接器的网络名。

（3）在离图连接器上放置一段导线，并在导线上放置一个与其对应的网络标号，这样才算是一个完整的离图连接器，如图 4-25 所示。

4.5.4 放置差分对指示

执行菜单栏中"放置"→"指示"→"差分对"命令，或者按快捷键 P+V+F，即可放置差分对指示，如图 4-26 所示。

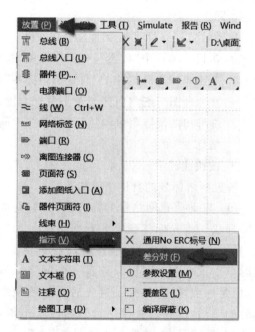

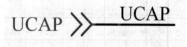

图 4-25 离图连接器的放置

图 4-26 放置差分对指示

4.6 分配元件标号

绘制原理图后,用户可以逐个地手工修改元器件的标号,但是这样比较烦琐且容易出现错误,尤其是元器件比较多的原理图。这时候用户可以使用原理图标注工具。

执行菜单栏中"工具"→"标注"→"原理图标注"命令,弹出原理图"标注"对话框,如图 4-27 所示。

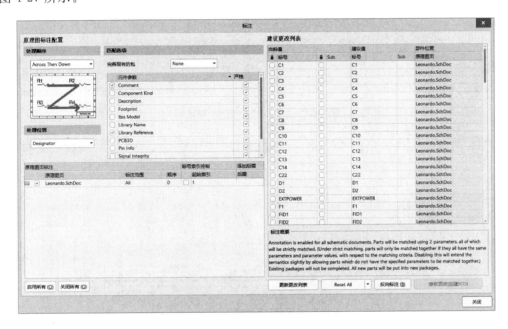

图 4-27 原理图"标注"对话框

该对话框分为两部分,左边是"原理图标注配置",用于设置原理图标注的顺序以及选择需要标注的原理图页;右边是"建议更改列表",在"当前值"栏中列出了当前的元件标号,在"建议值"一栏列出了新的编号。

原理图重新标注的方法如下:

(1)选择要重新标注的原理图。

(2)选择标注的处理顺序。单击 Reset All 按钮,对标号进行重置。在弹出的 Information(信息)对话框中,将提示用户编号发生了哪些改变,单击 OK 按钮确认。重置后,所有的元件标号将被消除。

(3)单击 更新更改列表 按钮,重新编号。在弹出的 Information(信息)对话框中,将提示用户相对前一次状态和相对初始状态发生的改变。

(4)单击 接收更改(创建ECO) 按钮,弹出如图 4-28 所示的"工程变更指令"对话框。

(5)在该对话框中单击"执行变更"按钮,即可完成原理图元件标注。如图 4-29 所示为完成原理图标注后的效果。

图 4-28　"工程变更指令"对话框

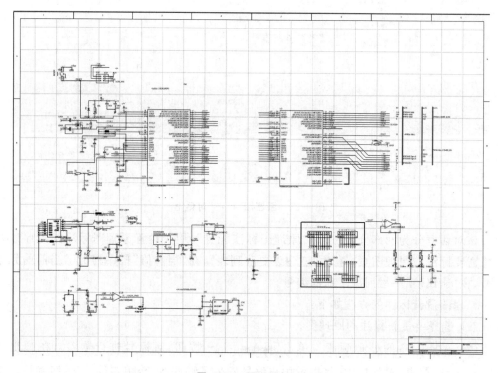

图 4-29　原理图标注

4.7　原理图电气检测及编译

　　原理图设计是前期准备工作,一些初学者为了省事,画完原理图后直接就更新到 PCB 中了,这样往往是得不偿失的。按照设计流程进行 PCB 设计,一方面可以养成良好的习惯,另一方面对复杂的电路只有这样才能避免出错。由于软件的差异及电路的复杂性,原理图可能存在一些单端网络、电气开路等问题,不经过相关检测工具检查就盲目生产,等板子做好了才发现问题就晚了,所以原理图的编译步骤还是很有必要的。

Altium Designer 19 自带 ERC 功能,可以对原理图的一些电气连接特性进行自动检查。检查后的错误信息将在 Messages(信息)面板中列出,同时也会在原理图中标注出来。用户可以对检测规则进行设置,然后根据 Messages 面板中所列出的错误信息对原理图存在的错误进行修改。

4.7.1　原理图常用检测设置

原理图的常用检测项可在 Options for PCB Project 对话框中设置。执行菜单栏中"工程"→"工程参数"命令,打开 Options for PCB Project 对话框,如图 4-30 所示。所有与项目有关的选项都可以在此对话框中设置。

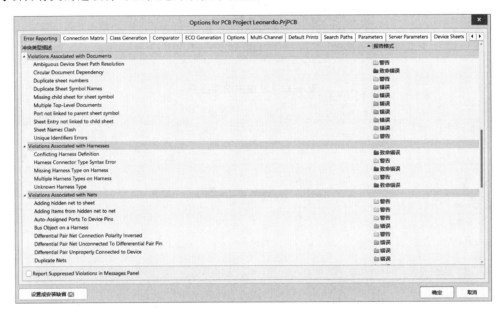

图 4-30　Options for PCB Project 对话框

需要特别注意的是,用户不要随意修改系统默认的检查项的报告格式,只有在很清楚哪些检测项是可以忽略的才能去修改,否则会造成原理图编译有错误也不会被检查出来。

4.7.2　原理图的编译

对原理图的各种电气错误等级设置完毕后,用户便可以对原理图进行编译操作。执行菜单栏中"工程"→Compile PCB Project 命令,即可进行原理图文件的编译,如图 4-31 所示。文件编译后,系统的检测结果将出现在 Messages(信息)面板中。

图 4-31　原理图编译指令

4.7.3 原理图的修正

当原理图编译无误时,Messages(信息)面板中将为空。当出现等级为 Fatal Error (严重的错误)、Error(错误)以及 Warning(警告)的错误时,Messages(信息)面板将自动弹出,如图 4-32 所示。用户需要根据 Messages(信息)面板对错误进行修改,直到所有错误清除完才完成原理图的修正。

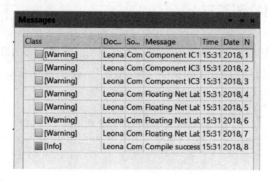

图 4-32 原理图编译报告

电路原理图设计的最终目的是为了生产满足需要的 PCB(印制电路板)。利用 Altium Designer 软件可以非常轻松地从原理图设计转入到 PCB 设计流程。Altium Designer 19 为用户提供了一个完整的 PCB 设计环境,既可以进行人工设计,也可以全自动设计,设计结果可以用多种形式输出。

PCB 布线是整个 PCB 设计中最重要、最耗时的一个环节,可以说前面的工作都是为它而准备的。在整个 PCB 设计中,熟悉 PCB 设计流程是很有必要的。

本章将结合实战项目的设计来介绍 PCB 设计的常规流程,让读者熟悉 Altium Designer 软件的 PCB 设计流程,这对于缩短产品的开发周期、增强产品的竞争力和节省研发经费等方面具有重要的意义。

学习目标:
- 熟悉 PCB 常用系统参数的设置。
- 熟悉 PCB 常规操作。
- 掌握 PCB 常用规则设置。
- 掌握 PCB 布局布线方法及操作技巧。

5.1 PCB 常用系统参数设置

5.1.1 General 参数设置

打开 Altium Designer 19,单击菜单栏右侧的"设置系统参数"按钮 ⚙,打开 Preferences(优选项)对话框,选择 PCB Editor 选项卡下的 General 子选项卡,按照图 5-1 所示进行参数设置。

1. 编辑选项

推荐配置如下。

(1) 在线 DRC:在手工布线和调整工程中实时进行 DRC 检查,并在第一时间对违反设计规则的错误给出报警,实时检测用户设计的规范性。

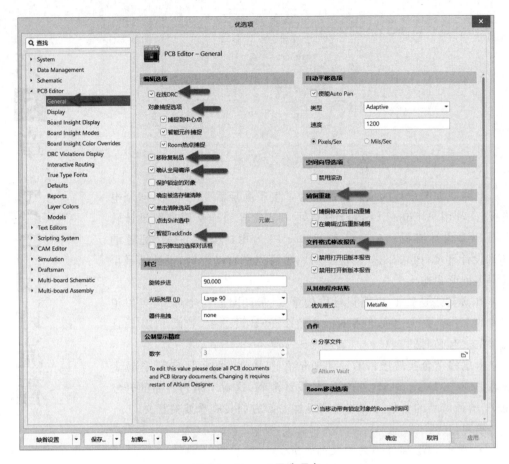

图 5-1　General 子选项卡

（2）对象捕捉选项：表示用光标选择某个元件时，光标自动跳到该元件的中心点（又称基准点）。

（3）移除复制品：当系统准备将数据输出时，可以检查和删除重复对象。当输出到打印设备时，可勾选此复选框。

（4）确认全局编译：允许在提交全局编辑之前出现确认对话框，包括提示将被编辑对象的数量。如果取消勾选该复选框，只要单击全局编辑对话框中的"确定"按钮，就可以进行全局编译更改。

（5）单击清除选项：在 PCB 编辑区任意空白位置单击鼠标左键，可自动清除对象选中状态。

（6）智能 TrackEnds：使能"智能 TrackEnds"将重新计算网络拓扑距离，即当前布线光标到终点的距离而不是网络最短距离。

2. 其他

推荐配置如下。

（1）旋转步进：用于设置旋转角度。在放置组件时，按一次空格键组件会旋转一个角度。这个角度是可以任意设置的，系统默认值是 90°。

（2）光标类型：光标有 3 种样式，即 Small 45、Small 90、Large90。推荐使用 Large 90 的光标，便于布局布线时进行对齐操作。

3. 铺铜重建

勾选"铺铜修改后自动重铺"和"在编辑过后重新铺铜"这两个复选框，以便在直接对铜皮进行修改，或者铜皮被移动时，软件可以根据设置自动调整以避开障碍。

4. 文件格式修改报告

勾选"禁用打开旧版本报告"和"禁用打开新版本报告"这两个复选框，这样每次打开文件时就不会弹出文件格式修改报告的提示。

5.1.2 Display 参数设置

单击菜单栏右侧的"设置系统参数"按钮 ⚙，打开 Preferences（优选项）对话框，选择 PCB Editor 选项卡下的 Display 子选项卡，按照图 5-2 所示进行参数设置。

图 5-2 PCB Display 子选项卡

5.1.3 Board Insight Display 参数设置

单击菜单栏右侧的"设置系统参数"按钮 ⚙，打开 Preferences（优选项）对话框，选择 PCB Editor 选项卡下的 Board Insight Display 子选项卡，按照图 5-3 所示进行参数设置。

1. 焊盘与过孔显示选项

推荐配置如下。
应用智能显示颜色：勾选该复选框。

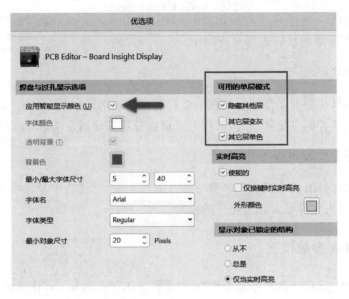

图 5-3　Board Insight Display 子选项卡

2. 可用的单层模式

用于设置单层显示的模式,推荐配置如下。
(1) 隐藏其他层:勾选该复选框。
(2) 其他层单色:勾选该复选框。

5.1.4　Board Insight Color Overrides 参数设置

单击菜单栏右侧的"设置系统参数"按钮 ⚙ ,打开 Preferences(优选项)对话框,选择 PCB Editor 选项卡下的 Board Insight Color Overrides 子选项卡,按照图 5-4 所示进行参数设置。

1. 基础样式

在该选项组中可以选择基本图案,可选的样式有"无(层颜色)""实心(覆盖颜色)""星""棋盘""圆环"和"条纹"。

推荐使用"实心(覆盖颜色)"样式。

2. 缩小行为

该选项组用于设置缩小时网络的显示方式。
(1) 基础样式:在缩小时缩放基本图案。
(2) 层颜色主导:选中该单选按钮,可使指定的图层颜色为主导,用户可以进一步缩小,直到颜色不明显为止。
(3) 覆盖色主导:选中该单选按钮,可使分配的网络覆盖颜色为主导,用户可以进一步缩小,直到颜色不明显为止。

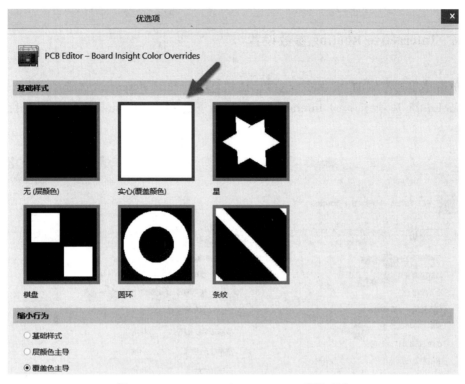

图 5-4　Board Insight Color Overrides 子选项卡

5.1.5　DRC Violations Display 参数设置

单击菜单栏右侧的"设置系统参数"按钮 ⚙，打开 Preferences（优选项）对话框，选择 PCB Editor 选项卡下的 DRC Violations Display 子选项卡，按照图 5-5 所示进行参数设置。

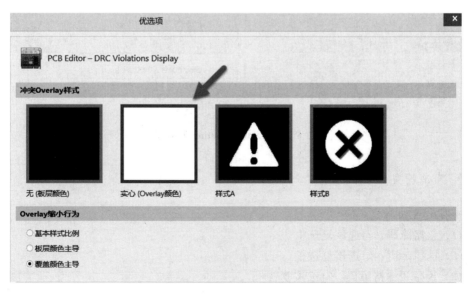

图 5-5　DRC Violations Display 子选项卡

5.1.6 Interactive Routing 参数设置

单击菜单栏右侧的"设置系统参数"按钮 ⚙，打开 Preferences（优选项）对话框，选择 PCB Editor 选项卡下的 Interactive Routing 子选项卡，按照图 5-6 所示进行参数设置。

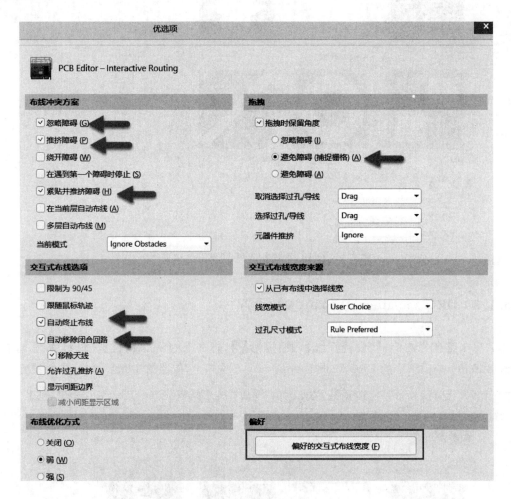

图 5-6　Interactive Routing 子选项卡

1. 布线冲突方案

推荐配置如下。

（1）忽略障碍：勾选该复选框。

（2）推挤障碍：勾选该复选框。

（3）紧贴并推挤障碍：勾选该复选框。

2．交互式布线选项

推荐配置如下。

（1）自动终止布线：勾选该复选框。

（2）自动移除闭合回路：勾选该复选框。

3．拖拽

推荐配置如下。

避免障碍（捕捉栅格）：勾选该复选框。

4．偏好

单击"偏好的交互式布线宽度"按钮，在弹出的"偏好的交互式布线宽度"对话框中可以对偏好的交互式布线宽度进行添加、删除、编辑操作，如图 5-7 所示。在交互式布线状态下，用户可以直接按快捷键 Shift＋W 来调用布线宽度。

偏好的交互式布线宽度					✕
英制		**公制**		**系统单位**	
宽度 ▲	单位	宽度	单位	单位 ▲	
5	mil	0.127	mm	Imperial	
6	mil	0.152	mm	Imperial	
8	mil	0.203	mm	Imperial	
10	mil	0.254	mm	Imperial	
12	mil	0.305	mm	Imperial	
20	mil	0.508	mm	Imperial	
25	mil	0.635	mm	Imperial	
50	mil	1.27	mm	Imperial	
100	mil	2.54	mm	Imperial	
3.937	mil	0.1	mm	Metric	
7.874	mil	0.2	mm	Metric	
11.811	mil	0.3	mm	Metric	
19.685	mil	0.5	mm	Metric	
29.528	mil	0.75	mm	Metric	
39.37	mil	1	mm	Metric	
添加 (A)...	删除 (D)	编辑 (E)...		确定	取消

图 5-7　偏好的交互式布线宽度设置

5.2　PCB 筛选功能

Altium Designer 19 在 PCB Properties（PCB 属性）面板中采用了全新的对象过滤器，如图 5-8 所示。使用该过滤器，用户可以筛选出想要在 PCB 中可供选择的对象。单击下拉列表中的对象，没有被使能的对象将被筛选出来，在 PCB 中将不会被用户选中。

图 5-8　过滤器工具

5.3　同步电路原理图数据

原理图的信息可以通过更新或导入原理图设计数据的方式完成与 PCB 之间的同步。在进行设计数据同步之前,需要装载元件的封装库及对同步比较器的比较规则进行设置。

完成同步规则的设置后,即可进行设计数据的导入工作了。在此将图 5-9 所示的原理图设计数据导入到当前的 PCB 文件中,该原理图是前面原理图设计时绘制的 Lenardo 开发板,文件名为 Lenardo.SchDoc。

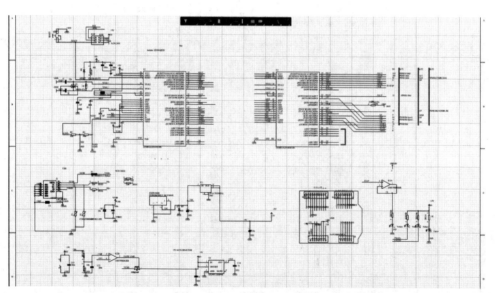

图 5-9　原理图文件

原理图更新到 PCB 的步骤如下:

(1) 执行菜单栏中"设计"→Update PCB Document PCB1.PCBDoc(更新 PCB 文件)命令,系统将对原理图和 PCB 版图的设计数据进行比较并弹出"工程变更指令"对话框,如图 5-10 所示。

(2) 单击"执行变更"按钮,系统将完成设计数据的导入,同时在每一项的"完成"栏显示 ✓ 标记提示导入成功,如图 5-11 所示。若出现 ✗ 标记,则表示存在错误,需找到错误并进行修改,然后重新进行更新。

图 5-10 "工程变更指令"对话框

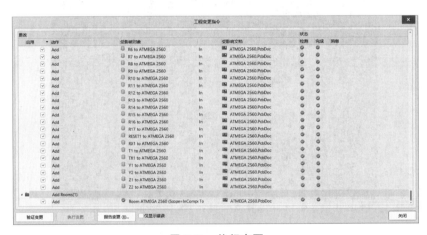

图 5-11 执行变更

（3）单击"关闭"按钮，关闭"工程变更指令"对话框，即可完成原理图与 PCB 之间的同步更新，如图 5-12 所示。

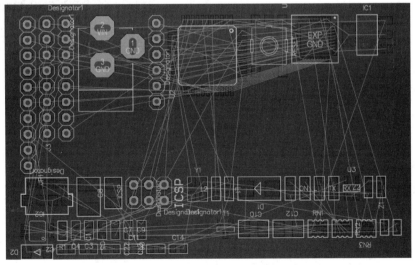

图 5-12 完成原理图与 PCB 之间的同步更新

5.4 定义板框及原点设置

5.4.1 自定义板框

如果设计的项目的板框是简单的矩形或者规则的多边形,则直接在 PCB 中绘制即可。PCB 板边框在机械层内定义。下面以板框放置在 Mechanical 1 层为例,详细介绍 Altium Designer 19 板框的绘制。

(1) 先切换到 Mechanical 1 层,然后执行菜单栏中"放置"→"线条"命令,在 PCB 编辑界面绘制需要的板框形状,如图 5-13 所示。

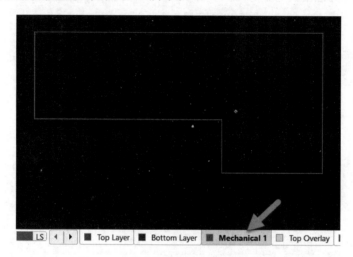

图 5-13　手工绘制板框

(2) 选中所绘制的板框线,注意必须是一个闭合的区域,否则会定义不了板框。执行菜单栏中"设计"→"板子形状"→"按照选择对象定义"命令,或者按快捷键 D+S+D,即可完成板框的定义。定义板框后的效果如图 5-14 所示。

图 5-14　手工绘制板框效果

5.4.2 从 CAD 里导入板框

很多项目的板框的结构外形都是不规则的,手工绘制板框的复杂度比较高,这时就可以选择导入 CAD 结构工程师绘制的板框数据文件,例如扩展名为.DWG 或者.DXF 格式文件,进行导入板框结构定义。

导入之前需要将 AutoCAD 文件转换为 2013 以下版本,确保 Altium Designer 软件能正确导入。

导入 CAD 板框文件的步骤如下:

（1）新建一个 PCB 文件，然后将其打开，执行菜单栏中"文件"→"导入"→DWG/DXF 命令，在弹出的 Import File 对话框中选择需要导入的 DXF 文件，单击"打开"按钮，如图 5-15 所示。

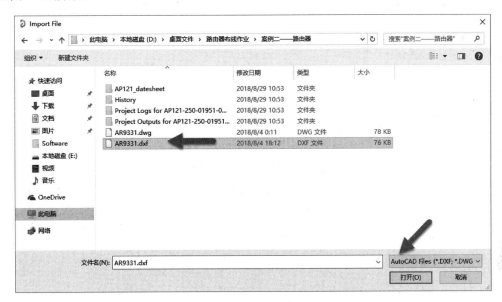

图 5-15　选择 DXF 文件

（2）导入属性设置。

① 在"比例"选项组中设置导入单位（需和 CAD 单位保持一致，否则导入的板框尺寸不对）。

② 选择需要导入的层参数（为了简化导入操作，"PCB 层"这一项可以保持默认，成功导入之后再将某些层更改为需要的层），如图 5-16 所示。

（3）导入的板框如图 5-17 所示。选择需要重新定义的闭合板框线，执行菜单栏中"设计"→"板子形状"→"按照选择对象定义"命令，或者按快捷键 D＋S＋D，即可完成板框的定义。

5.4.3　设置板框原点

在 PCB 行业中，对于矩形的板框我们一般把坐标原点定在板框的左下角。设置方法为：执行菜单栏中"编辑"→"原点"→"设置"命令，光标变为十字状，将坐标原点设置在板框左下角即可，如图 5-18 所示。

5.4.4　定位孔的设置

定位孔是放置在 PCB 上用于定位的，有时候也作为安装孔。定位孔放置方法如下：

（1）作为焊盘放置（此时需要修改焊盘参数，孔壁也可以设置为非金属化）。

（2）修改焊盘的参数如图 5-19 所示。

图 5-16　DXF 文件导入设置

图 5-17　从 DXF 文件导入的板框

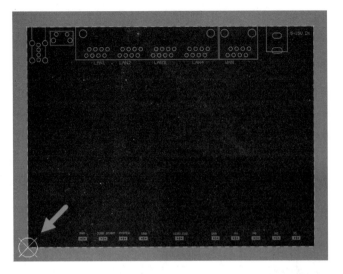

图 5-18　设置坐标原点

得到的定位孔效果如图 5-20 所示。

图 5-19　修改焊盘参数

图 5-20　定位孔效果

5.5 层的相关设置

5.5.1 层的显示与隐藏

在制作多层板的时候,经常需要只看某一层,或者把其他层隐藏,这种情况下就要用到层的显示与隐藏功能。

按快捷键 L,打开 View Configuration 面板,单击层名称前面的 ⊙ 图标即可设置层的显示与隐藏,如图 5-21 所示。可以针对单层或多层进行显示与隐藏设置。

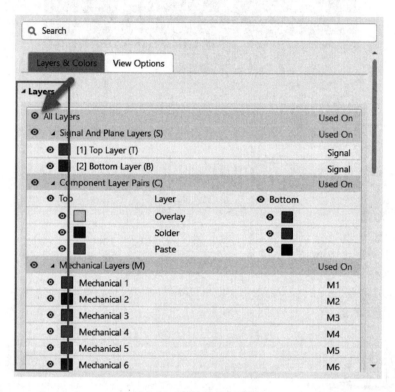

图 5-21　层的显示与隐藏

5.5.2 层颜色设置

为了便于层内信息的识别,可以对不同的层设置不同的颜色。按快捷键 L,打开 View Configuration 面板,单击层名称前面的颜色图标即可设置层的颜色,如图 5-22 所示。

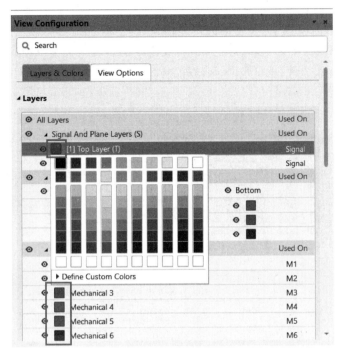

图 5-22　层的颜色设置

5.6　常用规则设置

在进行 PCB 设计前,首先应进行设计规则设置,以约束 PCB 元件布局或 PCB 布线行为,确保 PCB 设计和制造的连贯性、可行性。PCB 设计规则就如同道路交通规则一样,只有遵守已制定好的交通规则才能保证交通的畅通而不发生事故。在 PCB 设计中这种规则是由设计人员自己制定的,并且可以根据设计需要随时进行修改,只要在合理的范围内就行。

在 PCB 设计环境中,执行菜单栏中"设计"→Rules 命令,打开"PCB 规则及约束编辑器"对话框,如图 5-23 所示。左边为树状结构的设计规则列表,软件将设计规则分为以下 10 大类。

- Electrical：电气类规则。
- Routing：布线类规则。
- SMT：表面封装规则。
- Mask：掩膜类规则。
- Plane：平面类规则。
- Testpoint：测试点规则。
- Manufacturing：制造类规则。
- High Speed：高速规则。
- Placement：布置规则。

- Signal Integrity：信号完整性规则。

在每一类的设计规则下，又有不同用途的设计规则，规则内容显示在右边的编辑框中，设计人员可以根据规则编辑框的提示完成规则的设置。关于 Altium Designer 规则的详细介绍，用户可以到 Altium Designer 官方网站去了解。下面介绍一些 PCB 设计经常用到的规则设置。

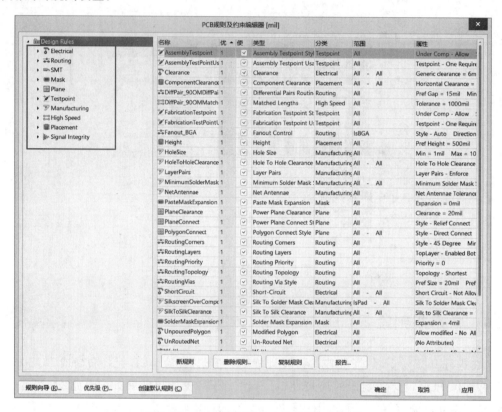

图 5-23　"PCB 规则及约束编辑器"对话框

5.6.1　Electrical 之 Clearance

Clearance(安全间距)规则用于设定两个电气对象之间的最小安全距离，若在 PCB 设计区内放置的两个电气对象的间距小于此设计规则规定的间距，则该位置将报错，表示违反了设计规则。在左边设计规则列表中选择 Electrical→Clearance 后，在右边的编辑区中设计人员即可进行安全间距规则设置，如图 5-24 所示。具体操作步骤如下：

（1）设置主要检索标签。

（2）进行适用对象设置。

① 在 Where The First Object Matches 列表框中选取首个匹配电气对象。

- All：表示所有部件适用。
- Net：针对单个网络。
- Net Class：针对所设置的网络类。

- Net and Layer：针对网络与层。
- Custom Query：自定义查询。

② 在 Where The Second Object Matches 下拉列表框中选取第二个匹配电气对象。

（3）设置好匹配电气对象后，用户在"约束"选项组中设置所需的安全间距值即可。

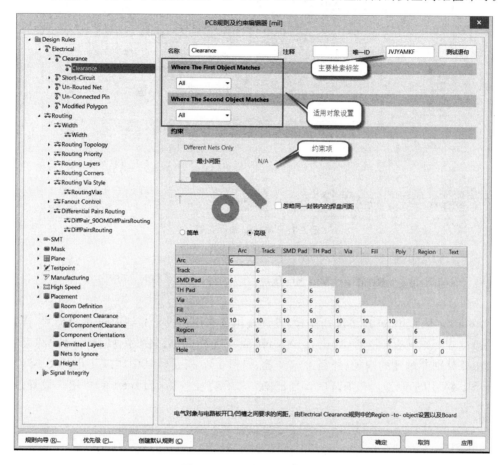

图 5-24　Clearance 规则设置

5.6.2　Routing 之 Width

　　Width（线宽）设计规则的功能是设定布线时的线宽，以便于自动布线或手工布线时线宽的选取、约束。设计人员可以在软件默认的线宽设计规则中修改约束值，也可以新建多个线宽设计规则，以针对不同的网络或板层规定其线宽。在左边设计规则列表中选择 Routing→Width 后，在右边的编辑区中即可进行线宽规则设置，如图 5-25所示。

　　在"约束"选项组中，导线的宽度有 3 个值可供设置，分别为 Max Width（最大线宽）、Preferred Width（优选线宽）、Min Width（最小线宽）。线宽的默认值为 10mil，可单击相应的选项，直接输入数值进行更改。

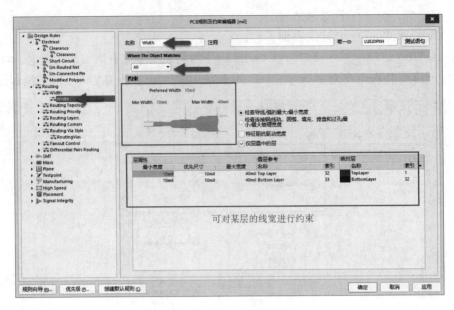

图 5-25　Width 规则设置

5.6.3　Routing 之 Routing Via Style

　　Routing Via Style(布线过孔样式)设计规则的作用是设定布线时过孔的尺寸、样式。在左边设计规则列表中选择 Routing→Routing Via Style 后,在右边编辑区的"约束"选项组中要分别对过孔的内径、外径进行设置,如图 5-26 所示。其中,"过孔孔径大小"(Via Hole Size)栏用于设置过孔内环的直径范围,"过孔直径"(Via Diameter)栏用于设置过孔外环的直径范围。

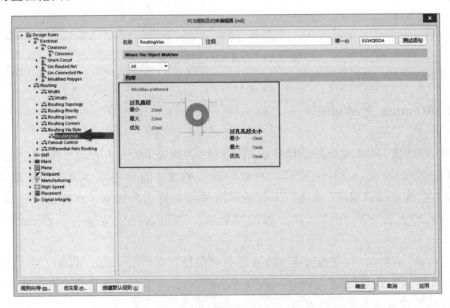

图 5-26　Routing Via Style 规则设置

5.6.4 Routing 之 Differential Pairs Routing

Differential Pairs Routing(差分对布线)规则是针对高速板的差分对的设计规范。差分对走线具有阻抗相等、长度相等并且相互耦合的特点,可以大大提高传输信号的质量,所以在高速信号传输中一般建议采用差分对走线的方式进行走线。在左边设计规则列表中选择 Routing→Differential Pairs Routing 后,在右边编辑区中即可对差分对走线的规则进行设置,如图 5-27 所示。

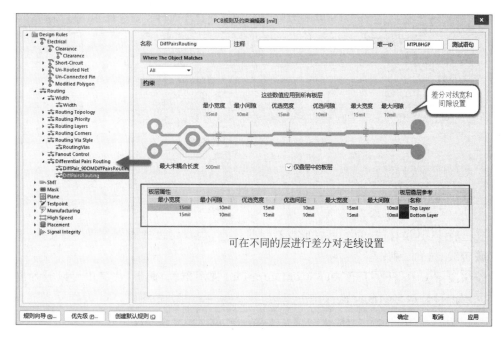

图 5-27 差分对布线规则设置

5.6.5 Plane 之 Polygon Connect Style

Polygon Connect Style(铺铜连接样式)规则下包含 Polygon Connect 规则,该规则的功能是设定铺铜与焊盘或铺铜与过孔的连接样式,并且该连接样式必须是针对同一网络部件。在左边设计规则列表中选择 Plane→Polygon Connect Style→Polygon Connect 后,在右边编辑区中即可对铺铜连接样式进行设置,如图 5-28 所示。例如,将铺铜连接样式改为全连接。

在"约束"选项组的"连接方式"下拉列表框中,有 3 种连接方式可供选择。

- Relief Connect:突起连接方式,即采用放射状的连接。通过"导体"选项选择与铜皮的连接导线数量,通过"导体宽度"选项设置连接导线的宽度,通过"空气间隙宽度"选项设置间隔间隙的宽度。
- Direct Connect:直接连接方式(又称全连接),设定铜皮与过孔或焊盘全部连接在一起。

- No Connect：无连接，表示不连接。

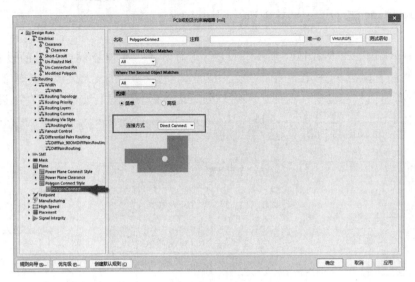

图 5-28　铺铜连接样式设置

5.7　视图配置

在进行 PCB 设计时，为了更好地查看一些信息，用户可以通过视图配置来选择显示或隐藏走线、过孔、铜皮等。

按快捷键 Ctrl＋D，打开 View Configuration（视图配置）面板，在其中可以对列出的各类元素进行显示与隐藏设置，如图 5-29 所示。

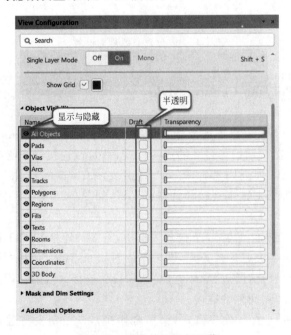

图 5-29　对象的显示与隐藏

5.8 PCB 布局

5.8.1 交互式布局和模块化布局

1. 交互式布局

为了方便布局时快速找到元件所在的位置，需要将原理图与 PCB 对应起来，使两者之间能相互映射，简称交互。利用交互式布局可以快速地解决元器件的布局问题，大大提高工作效率。

交互式布局的使用方法如下：

（1）打开交叉选择模式。需要在原理图编辑界面和 PCB 编辑界面都执行菜单栏中"工具"→"交叉选择模式"命令，或者按快捷键 Shift＋Ctrl＋X，如图 5-30 所示。

图 5-30 打开交叉选择模式

（2）打开交叉选择模式后，在原理图上选择元件，PCB 上相对应的元件会同步被选中；反之，在 PCB 中选中元件，原理图上相对应的元件也会被选中，如图 5-31 所示。

2. 模块化布局

在介绍模块化布局之前，先介绍一个在区域内排列元件的功能。单击工具栏中的"排列工具"按钮 ▦ ▾，在弹出的下拉列表中单击"在区域内排列器件"按钮（如图 5-32 所示），可以在预布局之前将一堆杂乱无章的元件进行划分并排列整齐。

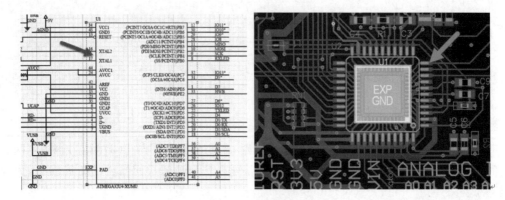

图 5-31　交叉选择模式

　　所谓模块化布局,就是结合交互式布局与模块化布局将同一个模块的电路布局在一起,然后根据电源流向和信号流向对整个电路进行模块划分。布局的时候应按照信号流向关系,保证整个布局的合理性,要求模拟部分和数字部分分开,尽可能做到关键高速信号走线最短,其次考虑电路板的整齐、美观。

图 5-32　单击"在区域内排列器件"按钮

5.8.2　就近集中原则

　　就近集中原则就是使用"在区域内排列器件"功能,将每个电路模块大致排列在 PCB 板框周边,以方便后面的布局工作。如图 5-33 所示,将每个模块放置在 PCB 板的周边。

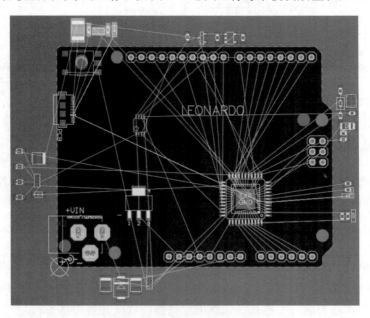

图 5-33　电路模块就近集中布局

5.8.3　区域排列

区域排列就是前面所说的"在区域内排列器件",它可以将选中的元件按照用户所绘制的区域进行排列。这一功能在模块化布局操作中经常会用到。具体使用方法为:先选中需要排列的对象,然后单击工具栏中的"排列工具"按钮 ▤ ▾ ,在弹出的下拉列表中单击"在区域内排列器件"按钮,或者按快捷键 I＋L,在弹出的菜单中选择"在矩形区域排列"命令,如图 5-34 所示。

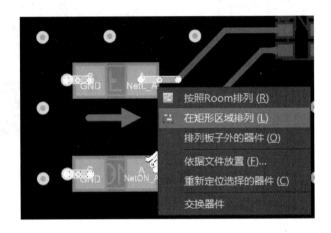

图 5-34　在区域内排列器件

5.8.4　元器件对齐操作

Altium Designer 19 提供了非常方便的对齐功能,可以对元器件进行左对齐、右对齐、顶对齐、底对齐、水平等间距、垂直等间距等操作。

元器件对齐方法如下:

(1) 选中需要对齐的对象,按快捷键 A＋A,打开"排列对象"对话框,如图 5-35 所示。选择对应的选项,实现对齐功能。

(2) 选中需要对齐的对象,直接按快捷键 A,在弹出的菜单中执行相应的对齐命令,如图 5-36 所示。

(3) 选中需要对齐的对象,然后单击工具栏中的"排列工具"按钮 ▤ ▾ ,在弹出的下拉列表中单击相应的对齐工具按钮,如图 5-37 所示。

图 5-35　排列对象

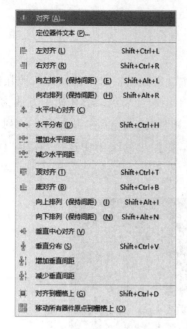

图 5-36 对齐功能

图 5-37 "排列工具"下拉列表

5.9 PCB 布线

5.9.1 常用的布线命令

1. 交互式布线连接

（1）执行菜单栏中"放置"→"走线"命令，或者单击工具栏中的"交互式布线连接"按钮 ，光标变成十字形状。

（2）将光标移到元件的一个焊盘上，单击鼠标左键选择布线的起点。手工布线转角模式包括任意角度、90°拐角、90°弧形拐角、45°拐角、45°弧形拐角 5 种，按 Shift＋空格键可循环依次切换 5 种转角模式，按空格键可以在预布线两端切换转角模式。

2. 交互式布多根线连接

"交互式布多根线连接"命令可以同时布一组走线，以达到快速布线的目的。需要注意的是，在进行交互式布多根线连接之前应先选中需要多路布线的网络。

先选中需要多路布线的网络，然后单击工具栏中的"交互式布多根线连接"按钮 ，即可同时布多根线，如图 5-38 所示。

3. 交互式布差分对连接

差分传输是一种信号传输的技术。区别于传统的一根信号线一根地线的做法，差分传输在这两根线上都传输信号，这两个信号的振幅相同、相位相反。在这两根线上传输

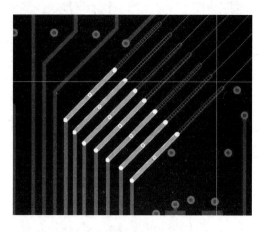

图 5-38 交互式布多根线连接

的信号就是差分信号。信号接收端比较这两个电压的差值来判断发送端发送的逻辑状态。因为两条导线上的信号相互耦合,干扰相互抵消,所以对共模信号的抑制作用加强了。在高速信号走线中,一般采用差分对布线的方式。在进行差分对布线时,首先需要定义差分对,然后设置差分对布线规则,最后完成差分对的布线。

单击工具栏中的“交互式布差分对连接”按钮 ,在需要进行差分对布线的焊盘或者导线处单击鼠标左键,可根据布线的需要移动光标以改变布线路径,如图 5-39 所示。

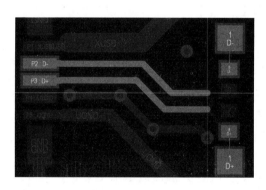

图 5-39 交互式布差分对连接

5.9.2 走线自动优化操作

在 Altium Designer 19 中可以对一部分走线进行优化,具体操作步骤如下。

(1) 先选择一部分要优化的线路,按 Tab 键,这时会选中全部对应的网络,如图 5-40 所示。

(2) 执行菜单栏中的“布线”→“优化选中的走线”命令,或者按快捷键 Ctrl+Alt+G,进行优化。优化后的走线如图 5-41 所示。

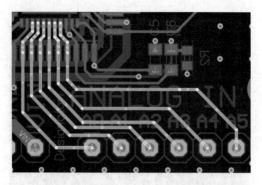

图 5-40 选中需要优化的走线

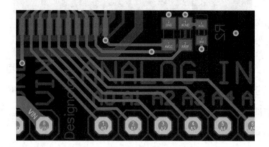

图 5-41 优化后的走线

5.9.3 差分对的添加

Altium Designer 19 中提供了针对差分对布线的工具,不过在进行差分对布线前需要定义差分对网络,即定义哪两条信号线需要进行差分对布线。差分对的定义既可以在原理图中实现,也可以在PCB 中实现。下面对在 PCB 中添加差分对的方法进行介绍。

(1) 打开 PCB 文件,在 PCB 编辑环境中单击右下角的 Panets 按钮,在弹出的菜单中选择 PCB 选项,打开 PCB 面板,在上方的下拉列表框中选择Differential Pairs Editor(差分对编辑)选项,如图 5-42所示。

(2) 单击"添加"按钮,在弹出的"差分对"对话框中选择差分对的正网络和负网络,并定义该差分对的名称,如图 5-43 所示。

(3) 完成 PCB 编辑环境下的差分对设置后,在PCB 编辑区中差分对将呈现为灰色,说明处于筛选状态。

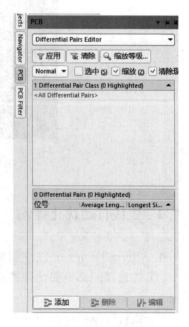

图 5-42 PCB 面板

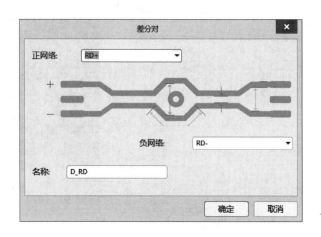

图 5-43　"差分对"对话框

5.9.4　飞线的显示与隐藏

网络飞线是指两点之间表示连接关系的线。飞线有利于理清信号的流向,便于有逻辑地进行布线。在布线时可以显示或隐藏网络飞线,或者选择性地对某类网络或某个网络的飞线进行显示与隐藏操作。

在 PCB 编辑界面中按快捷键 N,打开快捷飞线开关,如图 5-44 所示。

- Net(网络):针对单个或多个网络飞线操作。
- On Component(器件):针对元件网络飞线操作。
- All(全部):针对全部飞线操作。

图 5-44　快捷飞线开关

5.9.5　网络颜色的更改

为了区分不同信号的走线,用户可以对某个网络或者网络类别进行颜色设置。这样可以很方便地理清信号流向和识别网络。

设置网络颜色的方法如下:

(1) 打开 PCB 文件,在 PCB 编辑环境中单击右下角的 Panets 按钮,在弹出的菜单中选择 PCB 选项,打开 PCB 面板。在上方的下拉列表框中选择 Nets 选项,打开网络管理器。

(2) 选择一个或者多个网络,单击鼠标右键,在弹出的快捷菜单中选择 Change Net Color 命令,对单个网络或者多个网络进行颜色的更改,如图 5-45 所示。

(3) 执行改变网络颜色命令后,单击鼠标右键,在弹出的快捷菜单中选择"显示替换"→"选择的打开"命令,对修改过颜色的网络进行使能。

(4) 这样就完成了网络颜色的修改。如果在 PCB 编辑界面中看不到颜色的变化,需要按 F5 键打开颜色开关。

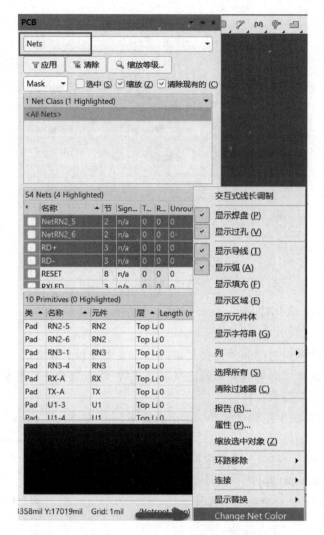

图 5-45　选择 Change Net Color(改变网络颜色)命令

5.9.6　滴泪的添加与删除

　　添加滴泪是指在导线连接到焊盘时逐渐加大其宽度,因为其形状像滴泪,所以称为补滴泪。采用补滴泪的最大好处就是提高了信号完整性,因为在导线与焊盘尺寸差距较大时,采用补滴泪连接可以使得这种差距逐渐减小,以减少信号损失和反射,并且在电路板受到巨大外力的冲撞时,还可以降低导线与焊盘或者导线与过孔的接触点因外力而断裂的风险。

　　在进行 PCB 设计时,如果需要进行补滴泪操作,可以执行菜单栏中"设计"→"泪滴"命令,在弹出的如图 5-46 所示的"泪滴"对话框中进行滴泪的添加与删除等操作。

　　设置完毕单击"确定"按钮,完成对象的滴泪添加操作。补滴泪前后焊盘与导线连接的变化如图 5-47 所示。

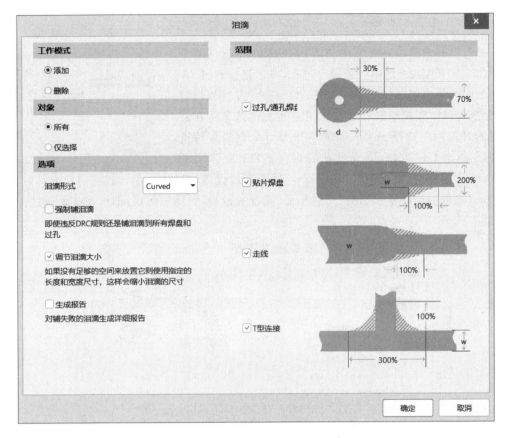

图 5-46 "泪滴"对话框

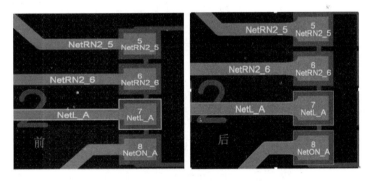

图 5-47 补滴泪前后焊盘与导线连接的变化

5.9.7 过孔盖油处理

1. 单个过孔盖油设置

双击过孔,弹出过孔属性编辑面板,在 Solder Mask Expansion 栏下勾选 Top 和 Bottom 右边的 Tented 复选框,即为过孔顶部和底部盖油,如图 5-48 所示。

2. 批量过孔盖油设置

批量过孔盖油设置可使用 Altium Designer 软件的全局操作方法来实现：选中任意一个过孔，单击鼠标右键，在弹出的快捷菜单中选择 Find Similar Objects(查找相似对象)命令，打开"查找相似对象"对话框；根据筛选条件在右边栏的对象列中选择 Same，如图 5-49 所示；设置好筛选条件后，单击 OK 按钮，完成过孔的相似选择；在弹出的Properties 面板中，根据需求勾选 Top(顶部盖油设置)和Bottom(底部盖油设置)，如图 5-50 所示；选择完成后，关闭该面板，即可完成批量过孔盖油设置。

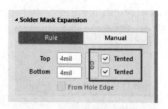

图 5-48　单个过孔盖油设置

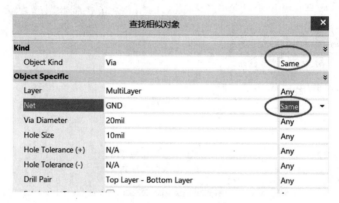

图 5-49　查找相似对象

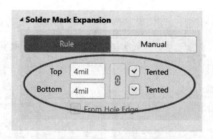

图 5-50　批量过孔盖油设置

5.9.8　全局编辑操作

在进行 PCB 设计时，如要对具有相同属性的对象进行操作，全局编辑功能便派上了用场。利用该功能，可以实现调整 PCB 板中相同类型的丝印大小、过孔大小、线宽大小，以及元件锁定等。

下面以修改过孔网络为例来说明全局编辑的操作过程。

(1) 在 PCB 板空白区域打上过孔，这时的过孔是没有网络属性的。

(2) 单击选中其中一个过孔，单击鼠标右键，在弹出的快捷菜单中执行"查找相似对象"(Find Similar Object)命令,打开"查找相似对象"对话框,如图 5-51 所示。

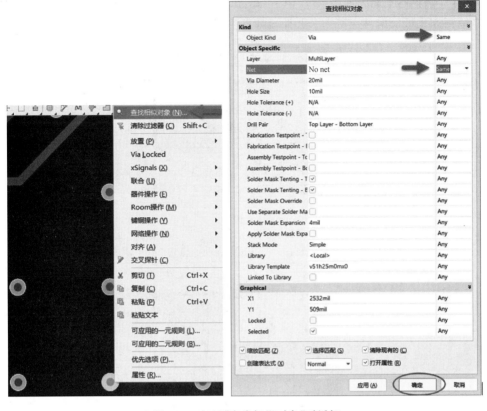

图 5-51 打开"查找相似对象"对话框

(3) 将 Via 和 Net 属性更改为 Same,然后单击"确定"按钮。在弹出的 Properties 面板中,更改需要全局编辑的属性,例如将 Net(过孔网络)属性改为 GND,如图 5-52 所示。

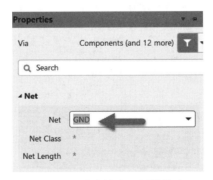

图 5-52 过孔的全局属性修改

5.9.9 铺铜操作

铺铜是指在电路板中空白位置放置铜皮,一般作为电源或地平面。在 PCB 设计的布局、布线工作结束之后,就可以在 PCB 空白位置铺铜了。

（1）执行菜单栏中"放置"→"铺铜"命令，或者单击工具栏中的"放置多边形平面"按钮 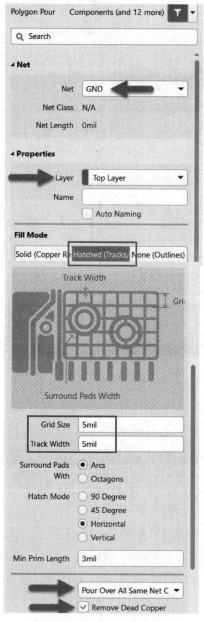，打开铺铜属性编辑面板，在 Fill Mode 栏中选择 Hatched(Tracks/Ares)动态铺铜方式（铺铜方式可根据自身需求来选择），如图 5-53 所示。

图 5-53　铺铜属性编辑面板

（2）在 Polygon Pour 面板中对铺铜属性进行设置。在 Net 下拉列表框中选择铺铜网络，在 Layer 下拉列表框中选择铺铜的层，在 Grid Size 和 Track Width 文本框中输入网格尺寸和轨迹宽度（建议设置成较小的相同数值，这样铺铜则为实心铜），在右下角的下拉列表框中选择 Pour Over All Same Net Objects 选项，并勾选 Remove Dead Copper（死铜移除）复选框。

（3）按 Enter 键，关闭该面板。此时光标变成十字形状，准备开始铺铜操作。

（4）用光标沿着 PCB 板框边界线画一个闭合的矩形框。单击鼠标左键确定起点，然后将光标移动至拐角处单击，直至确定板框的外形，单击鼠标右键退出。这时软件在框线内部自动生成了铺铜，效果如图 5-54 所示。

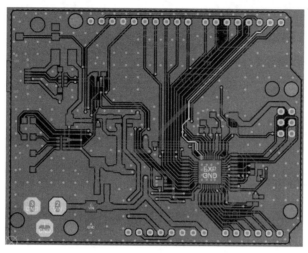

图 5-54　PCB 铺铜效果

5.9.10　放置尺寸标注

为了使设计者更加方便地了解 PCB 的尺寸信息，通常需要给设计好的 PCB 添加尺寸标注。标注方式分为线性、圆弧半径、角度等，下面以最常用的添加线性尺寸标注为例进行详细的介绍。

（1）执行菜单栏中"放置"→"尺寸"→"线性尺寸"命令，如图 5-55 所示。

（2）在放置尺寸标注的状态下，按 Tab 键，打开尺寸标注属性编辑面板，如图 5-56 所示。

- Layer：放置的层。
- Primary Units：显示的单位，如 Millimeters、mm（常用）、inch。
- Precision：显示的小数点后的位数。
- Format：显示的格式，常用（mm）。

线性尺寸放置好的效果如图 5-57 所示。

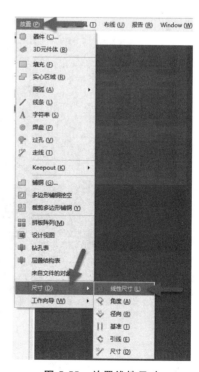

图 5-55　放置线性尺寸

图 5-56 尺寸标注显示设置

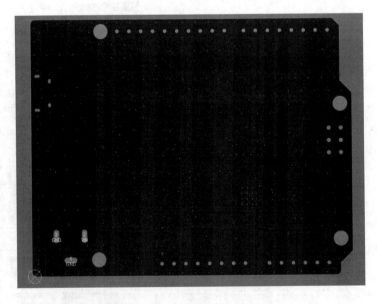

图 5-57 放置线性尺寸标注效果

完成 PCB 的布局布线之后，考虑到后续开发环节的需求，需要做如下处理工作。

（1）DRC 检查：设计规则检查，通过 Checklist 和 Report 等检查手段，重点规避开路、短路类的重大设计缺陷，检查的同时遵循 PCB 设计质量控制流程与方法。

（2）丝印调整：清晰、准确的丝印设计，可以提升电路板的后续测试、组装加工的便捷度与准确度。

（3）PCB 设计文件输出：PCB 设计的最终文件，需要按照规范输出为不同类型的打包文件，供后续测试、加工、组装环节使用。

本章将详细介绍布局布线工作完成之后，如何进行 PCB 的后期处理工作，帮助读者掌握 PCB 后期处理的基本操作，从而避免因一些电气规则问题所带来的错误和浪费。

学习目标：
- 掌握 DRC 检查的使用及纠错。
- 掌握丝印调整的方法。
- 掌握 PCB 设计文件的输出。

6.1 DRC 检查

完成 PCB 的布局布线工作之后，接下来需要进行 DRC 检查。DRC 检查主要是检查整板 PCB 布局布线与用户设置的规则约束是否一致，这也是 PCB 设计正确性和完整性的重要保证。DRC 的检查项目与规则设置的分类一样。

进行 DRC 检查时，并不需要检查所有的规则设置，只需检查用户需要比对的规则即可。常规的检查包括间距、开路及短路等电气性能检查、天线网络检查、布线规则检查等。

在 PCB 编辑界面下，执行菜单栏中"工具"→"设计规则检查"命令或者按快捷键 T+D，如图 6-1 所示。打开设计规则检查器，如图 6-2 所示。

图 6-1 选择"工具"→"设计规则检查"命令

图 6-2 设计规则检查器

6.1.1 电气规则检查

电气规则检查的内容包括间距、短路及开路设置,一般这几项都需要选中,如图 6-3 所示。

图 6-3 电气规则检查

6.1.2 天线网络检查

针对图 6-4 所示的天线网络,在设计规则检查器中勾选 Net Antennae(天线网络冲突)检查项,如图 6-5 所示。

图 6-4 天线网络

图 6-5　天线网络检查

6.1.3　布线规则检查

布线规则检查的内容包含线宽、过孔、差分对布线等设置。根据需要选择是否进行 DRC 检查，如图 6-6 所示。

图 6-6　布线规则检查

6.1.4　DRC 检测报告

（1）勾选需要检查的选项后，单击左下角的"运行 DRC"按钮，如图 6-7 所示。

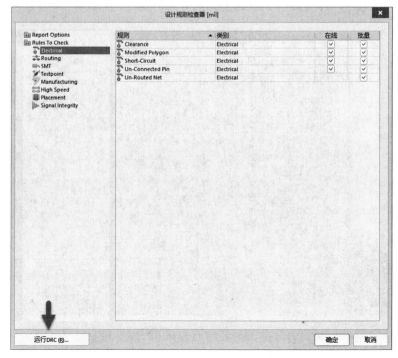

图 6-7　单击"运行 DRC"按钮

（2）运行 DRC 完成后，软件会自动弹出一个 Rule Verification Report 文件与 Messages 面板。直接关闭 Rule Verification Report 文件，打开右侧的 Messages 面板。如果 DRC 检测无错误，则 Messages 面板内容为空，反之则会在其中列出报错类型，如图 6-8 所示。

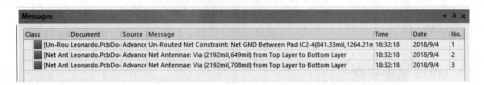

图 6-8　Messages 报告

（3）双击其中的错误报告，光标会自动跳到 PCB 中的报错位置，用户需对错误项进行修改，直到错误修改完毕或者错误可以忽略为止。

6.2　位号的调整

在进行元件装配时，需要输出相应的装配文件，而元件的位号图可以方便比对元件装配。隐藏其他层，只显示 Overlay 和 Solder 层可以更方便地进行位号调整。

一般来说，位号大多放到相应元件旁边，其调整应遵循以下原则。

（1）位号显示清晰。位号的字宽和字高可使用常用的尺寸：4/20mil、5/25mil、6/30mil。具体的尺寸还需根据板子的空间和元件的密度灵活设置。

（2）位号不能被遮挡。若用户需要把元件位号印制在 PCB 上（如图 6-9 所示），为了让位号清晰些，调整时最好不要放置到过孔或者元件范围内，尤其是元件。

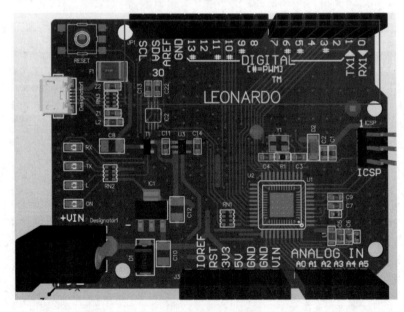

图 6-9　元件位号印制

（3）位号方向和元件方向尽量统一。一般对于水平放置的元器件是第一个字符放在最左边，对于竖直的元器件是第一个字符放在最下面，如图 6-10 所示。

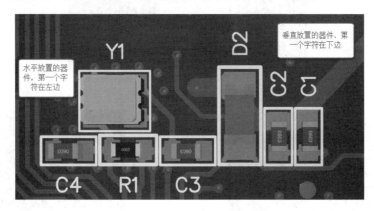

图 6-10　位号方向

（4）元件位号位置调整。如果元件过于集中，位号无法放到元件旁边，有以下解决方法。

① 将位号放到元件内部。先按快捷键 Ctrl＋A 全选，再按快捷键 A＋P，打开"元器件文本位置"对话框，在"标识符"这一项中选择中间位置，即可将位号放到元件内部，如图 6-11 所示。然后再进行方向调整，调整好的位号如图 6-12 所示。

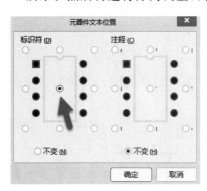

图 6-11　元器件文本位置调整

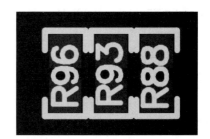

图 6-12　位号放在元件内部

② 将位号放到对应的元件附近，用箭头加以指示，如图 6-13 所示。或者放置一个外框（常用方形）标识，元件位置和位号位置一一对应，框内放置字符，如图 6-14 所示。

图 6-13　位号集中放在旁边

注意：底层元件的位号如图 6-15 所示。若看不习惯，可按快捷键 V＋B 将 PCB 翻转再进行调整，翻转的效果如图 6-16 所示。改好之后一定要重新按快捷键 V＋B 翻转回来。

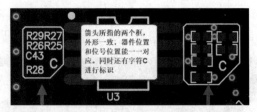

图 6-14　位号的外框表示

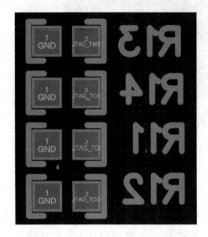

图 6-15　底层元件位号显示效果

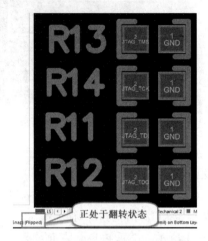

图 6-16　底层元件翻转之后的效果

6.3　装配图制造输出

6.3.1　位号图输出

（1）按快捷键 L，在弹出的 View Configuration（视图配置）面板中，把其他的层全部隐藏，只显示 Top Overlay 和 Top Solder 层（单击对应层旁边的"显示/隐藏"图标 ，出现斜线 表示已被隐藏），如图 6-17 所示。PCB 效果如图 6-18 所示。

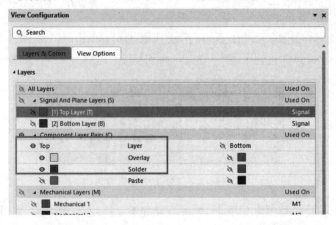

图 6-17　只显示 Top Overlay 和 Top Solder 的操作

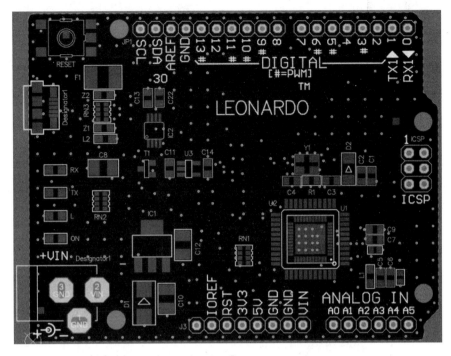

图 6-18　只显示 **Top Overlay** 和 **Top Solder** 的效果

（2）利用全局编辑功能将位号显示出来。

① 双击任意一个元件，将其位号显示出来，以 C14 为例，如图 6-19 所示。

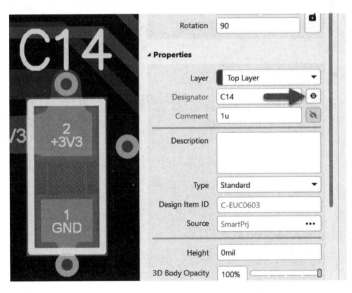

图 6-19　显示其中一个元件的位号

② 单击选中 C14，单击鼠标右键，在弹出的快捷菜单中选择"查找相似对象"命令，如图 6-20 所示。

在弹出的"查找相似对象"对话框中选择 Designator 项并将右侧相似项改为 Same，然后单击"确定"按钮，如图 6-21 所示。

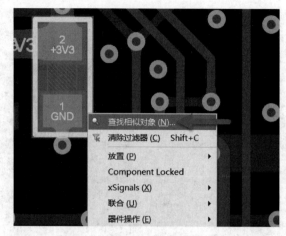

图 6-20 选择"查找相似对象"命令

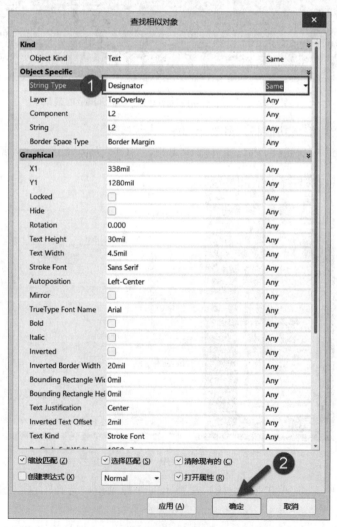

图 6-21 "查找相似对象"对话框

③ 在 PCB 界面右侧的 Properties 面板中根据实际情况进行显示设置和修改,如图 6-22 所示。至此,位号已全部显示。

图 6-22　位号属性编辑面板

(3) 按要求进行位号方向的调整,效果如图 6-23 所示。

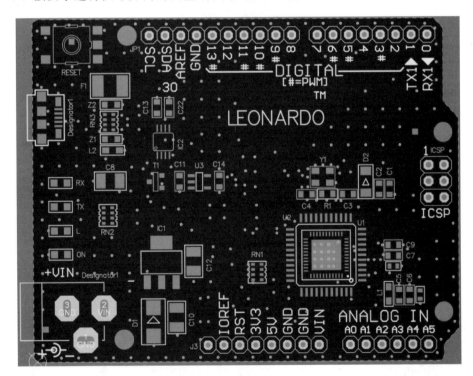

图 6-23　位号调整后的效果

(4) 进行位号文件输出操作。执行菜单栏中"文件"→"智能 PDF"命令,或者按快捷键 F+M,如图 6-24 所示。

(5) 在弹出的"智能 PDF"界面中单击 Next 按钮,如图 6-25 所示。

(6) 在弹出的"选择导出目标"对话框中,由于输出的对象是 PCB 的位号图,则导出

图 6-24 选择"文件"→"智能 PDF"命令

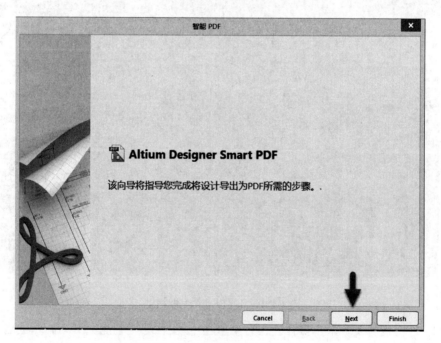

图 6-25 "智能 PDF"界面

目标选择"当前文档";在"输出文件名称"文本框中可修改文件的名称和保存的路径;接着单击 Next 按钮,如图 6-26 所示。

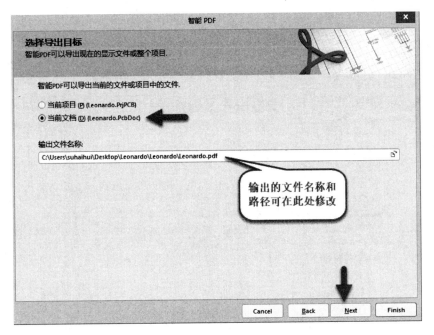

图 6-26　选择导出目标

（7）在弹出的"导出 BOM 表"界面中，取消勾选"导出原材料的 BOM 表"复选框，接着单击 Next 按钮，如图 6-27 所示。

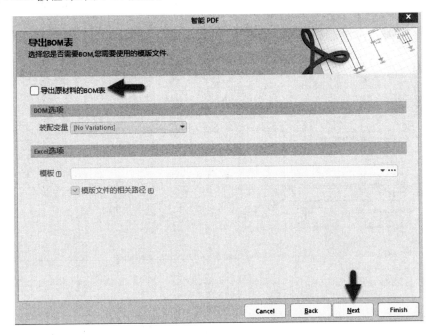

图 6-27　不需要导出原材料的 BOM 表

（8）弹出"PCB 打印设置"界面，在 Multilayer Composite Print 处单击鼠标右键，在弹出的快捷菜单中执行 Create Assembly Drawings 命令，如图 6-28 所示。效果如图 6-29所示，可以看到 Name 下面的选项有所改变。

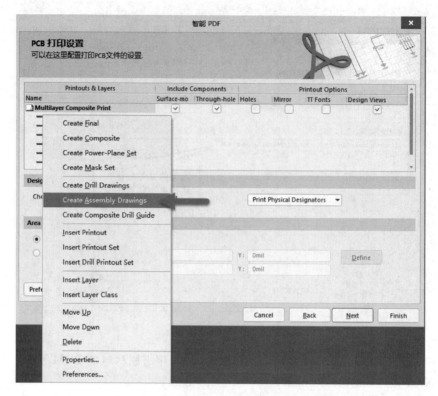

图 6-28　PCB 打印设置

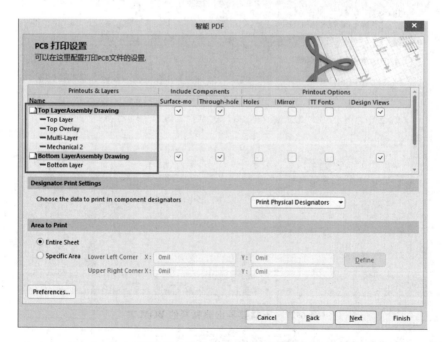

图 6-29　修改后的打印设置效果

（9）按照图 6-30 所示，双击左侧 Top LayerAssembly Drawing 前面的白色图标 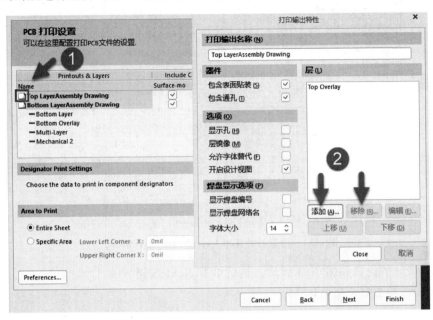，在弹出的"打印输出特性"对话框中可以对 Top 层进行打印输出设置。在"层"选项组中对要输出的层进行编辑，此处只需要输出 Top Overlay 和 Keep-Out Layer 即可。

图 6-30　打印输出特性配置

添加层时，在弹出的"板层属性"对话框的"打印板层类型"下拉列表中找到需要的层，单击"是"按钮，如图 6-31 所示。回到"打印输出特性"对话框后，单击 Close 按钮即可。

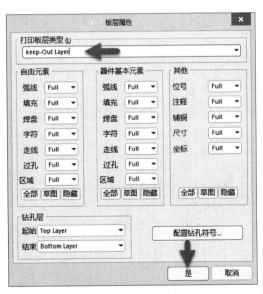

图 6-31　"板层属性"对话框

（10）至此，完成对 Top LayerAssembly Drawing 所输出的层的设置，如图 6-32 所示。

（11）Bottom LayerAssembly Drawing 的设置重复步骤（9）、（10）的操作即可。

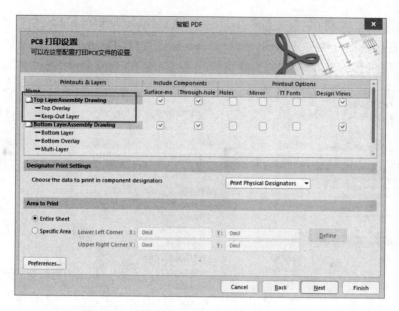

图 6-32 设置好的 Top LayerAssembly Drawing

（12）最终的设置如图 6-33 所示。然后单击 Next 按钮。

注意：底层装配必须勾选 Mirror 复选框。

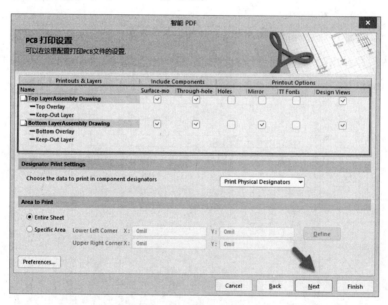

图 6-33 最终设置效果

（13）在弹出的"添加打印设置"界面中，设置"PCB 颜色模式"为"单色"，然后单击 Next 按钮，如图 6-34 所示。

（14）在弹出的"最后步骤"界面中选择是否保存设置到 Output Job 文件，此处保持默认，单击 Finish 按钮完成 PDF 文件的输出，如图 6-35 所示。

（15）最终输出如图 6-36 所示的元件位号图（此次演示案例底层没有元件，所以底层没有相应输出）。

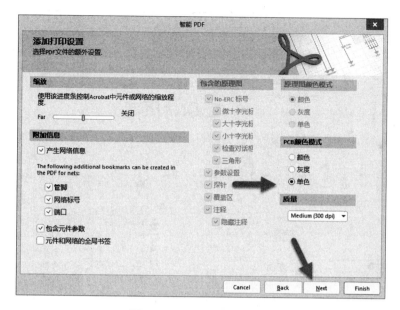

图 6-34　添加打印设置界面

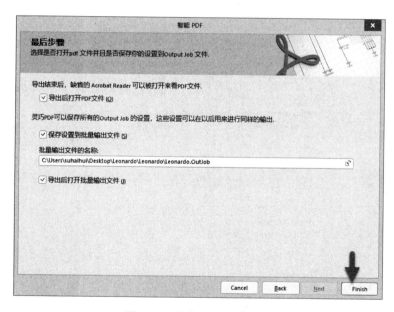

图 6-35　完成 PDF 文件输出

6.3.2　阻值图输出

(1) 显示并调整注释。只打开 Top Overlay 和 Top Solder 层,显示任意一个元件的阻值,再用全局编辑功能全部显示。先选中任意一个阻值,然后单击鼠标右键,在弹出的快捷菜单中执行"查找相似对象"命令,在弹出的"查找相似对象"对话框中按照图 6-37 所示进行操作。

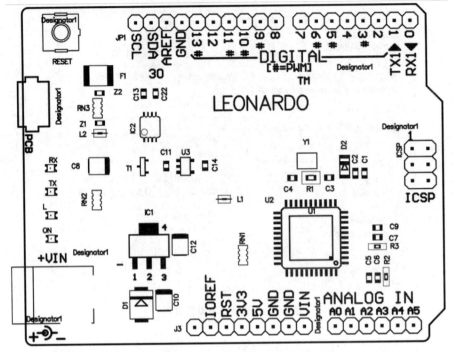

图 6-36　位号图输出效果

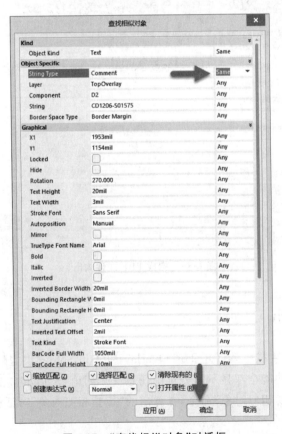

图 6-37　"查找相似对象"对话框

（2）进行阻值的属性设置。如图 6-38 所示，修改箭头所指属性。这样就可以将注释全部显示出来了。

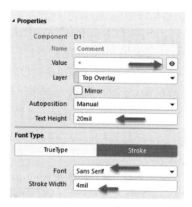

图 6-38 元件阻值属性编辑面板

（3）输出阻值图，即输出元件注释，方法与输出位号一致。最终输出效果如图 6-39 所示。

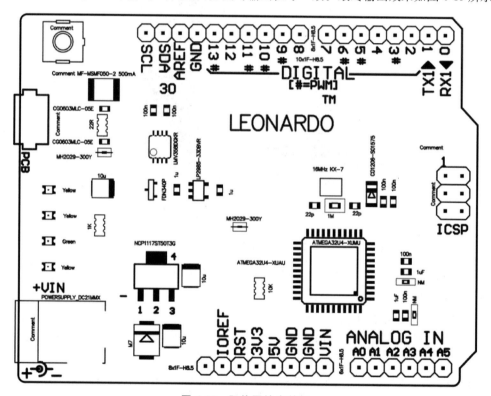

图 6-39 阻值图输出效果

6.4 Gerber（光绘）文件输出

Gerber 文件是一种符合 EIA 标准，用于驱动光绘机的文件。通过该文件，可以将 PCB 中的布线数据转换为光绘机用于生产 1∶1 高度胶片的光绘数据。当使用 Altium

Designer 绘制好 PCB 电路图文件之后,需要打样制作,但又不想给厂家工程文件,那么就可以直接生成 Gerber 文件,然后将其提供给 PCB 生产厂家,就可以打样制作 PCB 板。

输出 Gerber 文件时,建议在工作区打开扩展名为.PrjPCB 的工程文件,生成的相关文件会自动输出到 OutPut 文件夹中。输出操作有 4 步:

(1) 输出 Gerber 文件。

① 在 PCB 界面中,执行菜单栏中"文件"→"制造输出"→Gerber Files 命令,如图 6-40 所示。

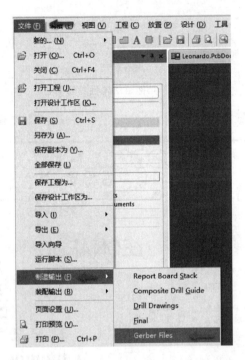

图 6-40　执行"文件"→"制造输出"→Gerber Files 命令

② 在弹出的"Gerber 设置"对话框中选择"通用"选项卡,"单位"选择"英寸","格式"选择"2：4",如图 6-41 所示。

③ 切换到"层"选项卡,在"绘制层"下拉列表中选择"选择使用的"选项,在"镜像层"下拉列表框中选择"全部去掉"选项,勾选"包括未连接的中间层焊盘"复选框,然后检查需要输出的层,如图 6-42 和图 6-43 所示。

④ 切换到"钻孔图层"选项卡,选择要用到的层,在"钻孔图"和"钻孔向导图"选项组中勾选"输出所有使用的钻孔对"复选框,其他项保持默认设置,如图 6-44 所示。

⑤ 切换到"光圈"选项卡,勾选"嵌入的孔径(RS274X)"复选框,其他项保持默认设置,如图 6-45 所示。

⑥ 切换到"高级"选项卡,将"胶片规则"设置为如图 6-46 所示(可在末尾增加一个"0",以增加文件输出面积),其他项保持默认设置即可。至此,Gerber Files 的设置结束,单击"确定"按钮。输出效果如图 6-47 所示。

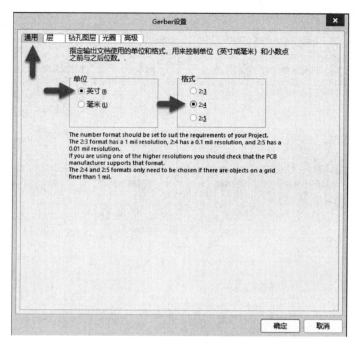

图 6-41　Gerber Files 通用设置

图 6-42　层的输出设置

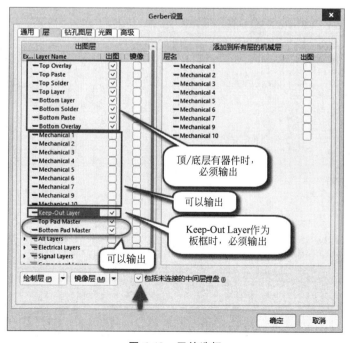

图 6-43　层的选择

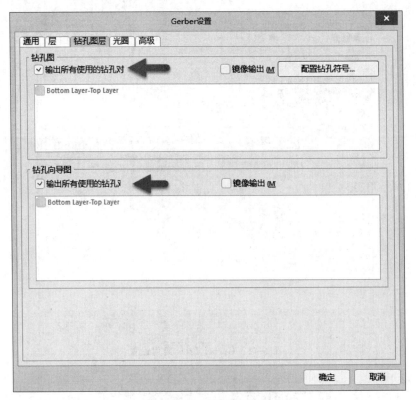

图 6-44　　钻孔图层设置

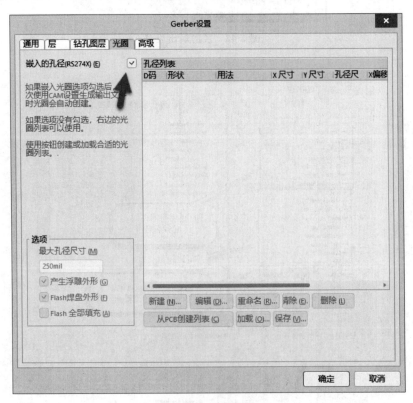

图 6-45　光圈设置

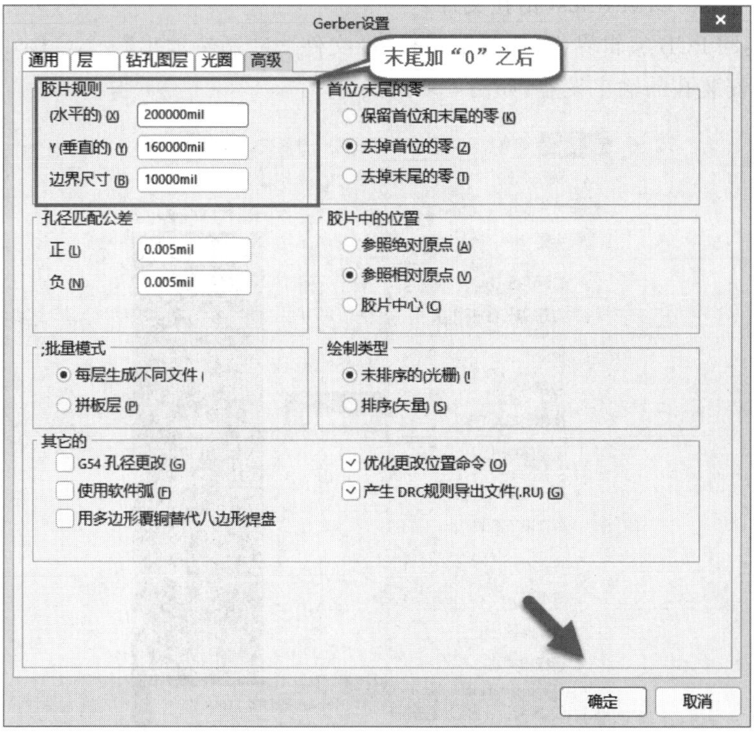

Gerber设置

通用 | 层 | 钻孔图层 | 光圈 | 高级

胶片规则

末尾加 "0" 之后

(水平的) (X) 200000mil

Y (垂直的) (Y) 160000mil

边界尺寸 (B) 10000mil

首位/末尾的零

○ 保留首位和末尾的零 (K)

● 去掉首位的零 (Z)

○ 去掉末尾的零 (T)

孔径匹配公差

正 (L) 0.005mil

负 (N) 0.005mil

胶片中的位置

○ 参照绝对原点 (A)

● 参照相对原点 (V)

○ 胶片中心 (C)

批量模式

● 每层生成不同文件 (I)

○ 拼板层 (P)

绘制类型

● 未排序的(光栅) (I)

○ 排序(矢量) (S)

其它的

☐ G54 孔径更改 (G)

☐ 使用软件弧 (F)

☐ 用多边形覆铜替代八边形焊盘

☑ 优化更改位置命令 (O)

☑ 产生 DRC 规则导出文件(.RU) (G)

确定   取消

图 6-46　高级设置

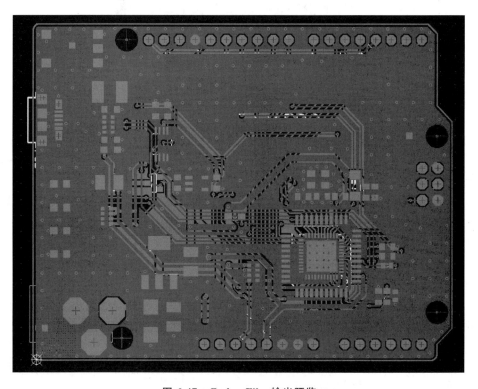

图 6-47　Gerber Files 输出预览

（2）输出 NC Drill Files(钻孔文件)。

① 切换回 PCB 编辑界面,执行菜单栏中"文件"→"制造输出"→NC Drill Files 命令,进行过孔和安装孔的输出设置,如图 6-48 所示。

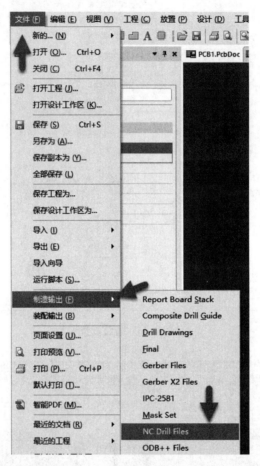

图 6-48　输出 NC Drill Files

② 在弹出的"NC Drill 设置"对话框中,"单位"选择"英寸","格式"选择"2：5",其他项保持默认设置,如图 6-49 所示。

③ 单击"确定"按钮,弹出"导入钻孔数据"对话框,直接单击"确定"按钮即可,如图 6-50 所示。输出效果如图 6-51 所示。

（3）输出 Test Point Report(IPC 网表文件)。

① 切换回 PCB 编辑界面,执行菜单栏中"文件"→"制造输出"→Test Point Report 命令,进行 IPC 网表输出,如图 6-52 所示。

② 在弹出的 Fabrication Testpoint Setup 对话框中进行相应的输出设置,如图 6-53 所示。单击"确定"按钮,在弹出的对话框里直接单击"确定"按钮即可输出。

（4）输出 Generates pick and place files(坐标文件)。

① 切换回 PCB 编辑界面,执行菜单栏中"文件"→"装配输出"→Generates pick and place files 命令,进行元件坐标输出,如图 6-54 所示。

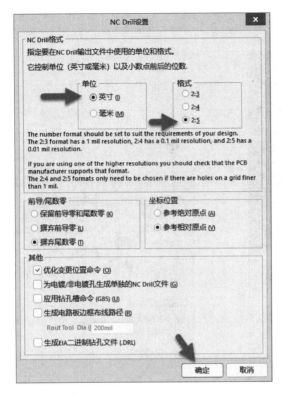

图 6-49 "NC Drill 设置"对话框

图 6-50 "导入钻孔数据"对话框

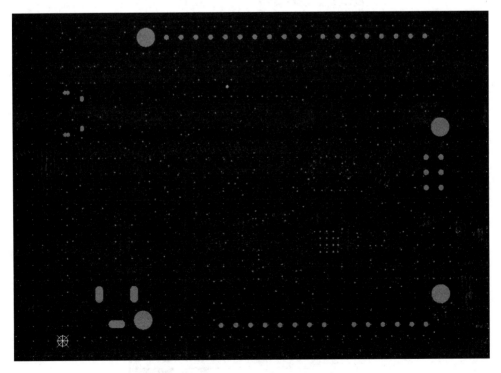

图 6-51 钻孔文件输出

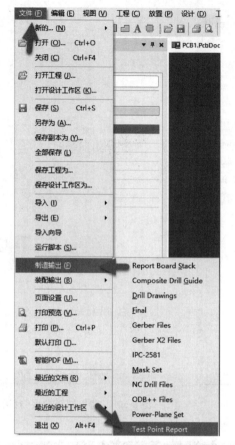

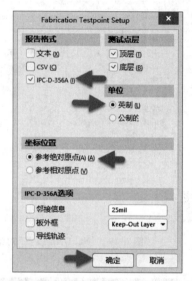

图 6-52　输出 Test Point Report 文件　　　　图 6-53　IPC 网表文件输出设置

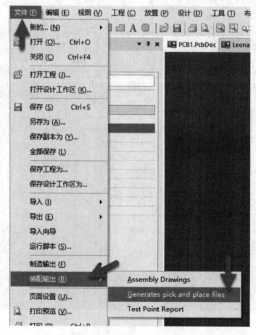

图 6-54　输出坐标文件

② 在弹出的对话框中进行相应的设置,如图 6-55 所示。单击"确定"按钮,即可输出坐标文件。

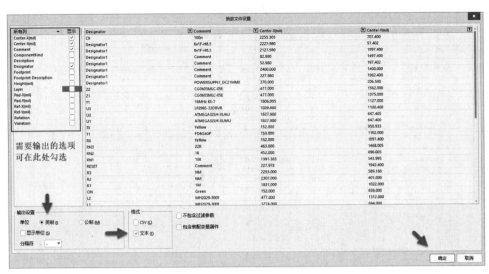

图 6-55　坐标文件输出设置

（5）至此,Gerber 文件输出完成。输出过程中产生的 3 个.cam 文件可直接关闭,不用保存。在工程目录下的 Project Outputs for 文件中的文件即为 Gerber 文件。将其重命名,打包发给 PCB 生产厂商制作即可。

6.5　BOM 输出

BOM 表,即物料清单,其中含有多个电子元器件的信息。输出 BOM,主要是为了方便采购元件。其输出步骤如下:

（1）选择菜单栏中"报告"→Bill of Materials 命令（如图 6-56 所示）,打开 Bill of Materials For PCB Document 对话框,如图 6-57 所示。

（2）单击右侧的 Columns 按钮,可对相同条件进行筛选。在 Drag a column to group 栏中,Comment 和 Footprint 作为组合条件,符合组合条件的位号会归为一组。如图 6-58 所示,同时满足这两个条件的位号 JP1、JP2 就被列为一组。

图 6-56　选择"报告"→**Bill of Materials** 命令

（3）若不想形成组合条件,将 Drag a column to group 栏中的 Comment 和 Footprint 删除即可,可以看到元件的 BOM 变成单独的形式,如图 6-59 所示。

（4）其他需要输出的信息可在 Columns 中查找,如元件的名称、描述、管脚号、封装信息、坐标等。单击对应项前面的"眼睛"图标 ◉ ,即可在 BOM 表中显示出来。然后选择导出的文件格式（一般为.xls 文件）,单击 Export 按钮,如图 6-60 所示。在弹出的"另存为"对话框中单击"保存"按钮,即可输出 BOM 表,效果如图 6-61 所示。

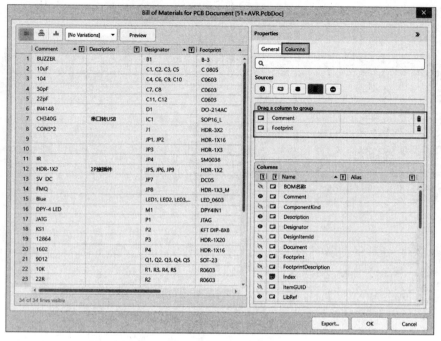

图 6-57　Bill of Materials For PCB Document 对话框

图 6-58　BOM 的组合设置

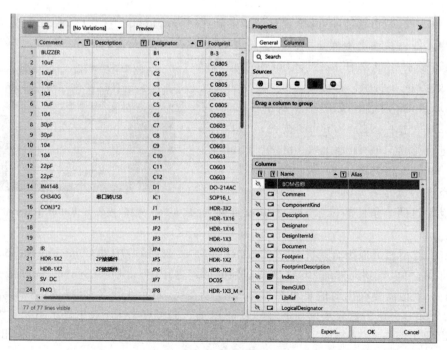

图 6-59　BOM 解除组合

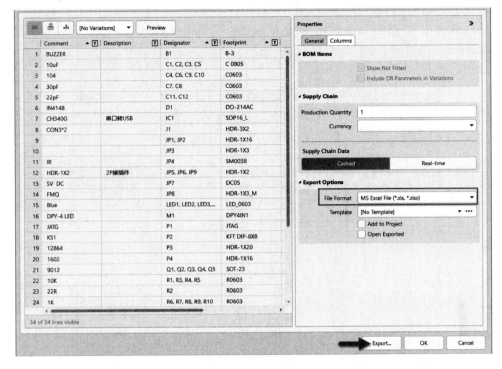

图 6-60 BOM 表的常规设置

	A	B	C	D
1	Comment	Designator	Footprint	Quantity
2	100n	C1, C2, C6, C9, C13, C22	C0603-ROUND	6
3	22p	C3, C4	C0603-ROUND	2
4	1uF	C5, C7	C0603-ROUND	2
5	10u	C8, C10, C12	SMC_B	3
6	1u	C11, C14	C0603-ROUND	2
7	M7	D1	SMB	1
8	CD1206-S01575	D2	MINIMELF	1
9	6x1F-H8.5	Designator1	1X06	1
10	Comment	Designator1	CON2_USB_MICRO_B_AT	1
11	Comment	Designator1	FIDUCIA-MOUNT	3
12	POWERSUPPLY_DC21MMX	Designator1	POWERSUPPLY_DC-21MM	1
13	8x1F-H8.5	Designator1, J3	1X08	2
14	MF-MSMF050-2 500mA	F1	L1812	1
15	NCP1117ST50T3G	IC1	SOT223	1
16	LMV358IDGKR	IC2	MSOP08	1
17	Comment	ICSP	2X03	1
18	10x1F-H8.5	JP1	1X10	1
19	MH2029-300Y	L1, L2	0805	2

图 6-61 BOM 输出效果

6.6 原理图 PDF 输出

进行原理图设计时,需要把原理图以 PDF 的格式输出,防止图纸被修改。在 Altium Designer 中可以利用"智能 PDF"命令将原理图转化为 PDF 格式。输出方法如下:

(1) 在原理图编辑环境下,执行菜单栏中"文件"→"智能 PDF"命令。

（2）在弹出的"智能 PDF"对话框中，单击 Next 按钮。

（3）在弹出的"选择导出目标"对话框中，选中"当前文档"单选按钮（若有多页原理图，则需选中"当前项目"单选按钮，从中选择需要输出的原理图），单击 Next 按钮，如图 6-62 所示。

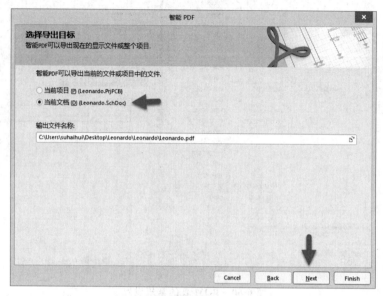

图 6-62　"选择导出目标"对话框

（4）弹出的"导出 BOM 表"对话框中提示是否输出 BOM 表，取消勾选"导出原材料的 BOM 表"复选框，单击 Next 按钮。

（5）在弹出的"PCB 打印设置"对话框中单击 Next 按钮，打开"添加打印设置"对话框。"原理图颜色模式"一般选择"颜色"，其他参数保持默认设置，然后单击 Next 按钮，如图 6-63 所示。

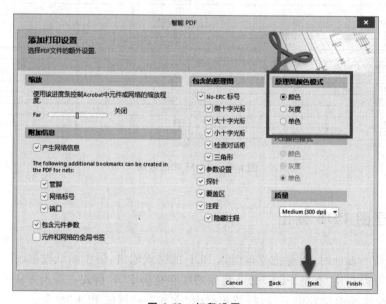

图 6-63　打印设置

（6）在弹出的"最后步骤"对话框中直接单击 Finish 按钮，即可输出 PDF 文件，效果如图 6-64 所示。

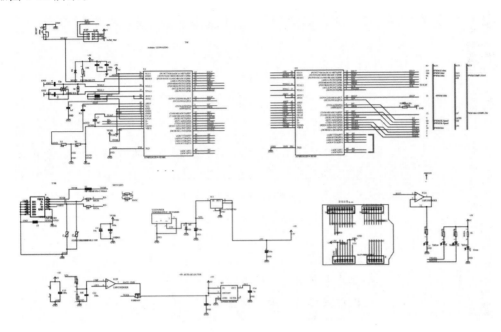

图 6-64　PDF 格式的原理图

6.7　文件规范存档

为避免输出文件出现存放混乱、文件不全等现象，应对文件进行规范存档，以保证产品输出文件达到准确、完整、统一要求。

（1）新建一个名为"项目＋打样资料"的文件夹，将 Gerber 文件、BOM 以及制板说明放到里面。

（2）新建一个名为"项目＋生产文件"的文件夹，将位号图、阻值图放到里面。

第7章 2层Leonardo开发板的PCB设计

理论是实践的基础,实践是检验真理的唯一标准。本章将通过一个2层Leonardo开发板的PCB设计实例,介绍一个完整的PCB设计流程,让读者了解前文所介绍的内容在PCB设计中的具体操作与实现,通过实践与理论相结合熟练掌握PCB设计的各个流程环节。

学习目标:
- 熟悉两层板的设计要求。
- 通过实际案例操作掌握PCB设计的各个流程环节。
- 掌握PCB设计后期的调整优化操作。

7.1 实例简介

Arduino Leonardo是Arduino团队最新推出的低成本Arduino控制器。它有20个数字输入/输出口、7个PWM口以及12个模拟输入口。相比其他版本的Arduino使用独立的USB-Serial转换芯片,Leonardo创新地采用了单芯片解决方案,只用了一片ATmega32u4来实现USB通信以及控制。这种创新设计降低了Leonardo的成本。ATmega32u4的原生态支持USB特性还能让Leonardo模拟成鼠标和键盘,极大地拓宽了应用场合。

Arduino是一个基于单片机的开放源码的平台,由Arduino电路板和一套为Arduino电路板编写程序的开发环境组成。Arduino可以用来开发交互产品,例如可以读取大量的开关和传感器信号,并且可以控制各式各样的电灯、电机和其他物理设备。Arduino项目可以是单独的,也可以在运行时和计算机中运行的程序进行通信。

本实例采用2层板完成PCB设计,其性能技术要求如下。

(1)布局布线考虑信号稳定及EMC。

(2)理清整板信号线及电源线的流向,使PCB走线合理、美观。

(3)特殊重要信号线按要求处理,如USB数据线差分走线并包地处理。

7.2　工程文件的创建与添加

（1）执行菜单栏中"文件"→"新的"→"项目"命令，创建一个新的工程文件 Leonardo.PrjPCB，保存到相应的目录。

（2）在 Leonardo.PrjPCB 工程文件上单击鼠标右键，在弹出的快捷菜单中执行"添加新的…到工程"命令，选择需要添加的原理图文件和 PCB 文件以及集成库文件，如图 7-1 所示。

图 7-1　添加原理图文件和 PCB 文件以及集成库文件

7.3　原理图编译

打开原理图文件，对其进行编译，检查有无电气连接方面的错误。只有确认没有错误后，才能进行 PCB 设计后续的工作。同时，很多场合要求将原理图打印出来，方便更多人阅读。因此，对原理图进行编译是必需的。

原理图的编译分为对当前文档的编译和对整个 PCB 工程的编译，这里选择对整个 PCB 工程进行编译。执行菜单栏中"工程"→ Compile PCB Project Leonardo.PrjPCB 命令，或者按快捷键 C＋C，如图 7-2 所示。

原理图编译完成后，可以单击 PCB 编辑界面右下角的 Panels 按钮，在弹出的菜单中选择 Messages 命令，在弹出的 Messages 面板中查看编

图 7-2　对 PCB 工程进行编译

译结果,如图 7-3 所示。若提示 Compile successful,no errors found,则原理图无电气性
质的错误,可以继续下一步的操作;否则需要返回原理图,根据错误提示修改至无错误
为止。

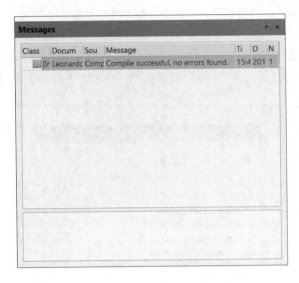

图 7-3　原理图编译结果

下面列出常见的原理图错误。

- Duplicate Part Designations:重复的元件位号。
- Floating net labels:悬空的网络。
- Net with multiple names:重复的网络名。
- Nets with only one pin:单端网络。
- Off grid object:对象没有处在栅格点的位置上。

7.4　封装匹配检查

在本实例中使用的是集成库文件来绘制原理图,虽然集成库中每一个元件都关联
好了对应的封装,但是为了避免出错,还是要对原理图的元件进行封装匹配检查。执
行菜单栏中"工具"→"封装管理器"命令,打开封装管理器,可以查看所有元件的封装
信息。

(1)确认所有元件都有对应的封装,如果存在某些元件无对应的封装,在原理图更新
到 PCB 步骤中,就会出现元件网络无法导入的问题。

(2)在封装管理器中,可以对元件的封装进行增加、删除和编辑操作,使原理图元件
与封装库中的封装匹配上,如图 7-4 所示。

(3)选择好对应的封装后,单击"确定"按钮,然后单击"接受变化(创建 ECO)"按钮,
在弹出的"工程变更"对话框中单击"执行变更"按钮,完成封装库匹配。

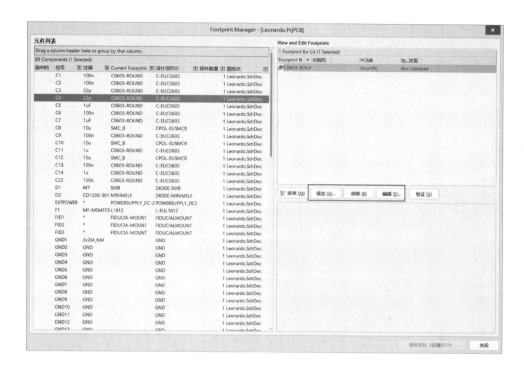

图 7-4 封装库的添加、删除与编辑

7.5 更新 PCB 文件（同步原理图数据）

（1）执行更新命令。

编译原理图无误及完成封装匹配之后，接下来要做的就是更新 PCB 文件了，也就是常说的原理图更新到 PCB 的操作，这一步是原理图与 PCB 之间连接的桥梁。执行菜单栏中"设计"→Update PCB Document Leonardo. PcbDoc 命令，或者按快捷键 D＋U，如图 7-5 所示。

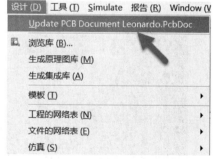

图 7-5 更新 PCB 文件

（2）确认执行更改。

① 执行更新操作后会出现如图 7-6 所示的"工程变更指令"对话框，单击 执行变更 按钮。

② 若无任何错误，则在"完成"这一栏全部显示"正确"图标 ✓，如图 7-7 所示。若有错误则会显示"错误"图标 ✕，这时需要检查错误项并返回原理图修改，直至没有错误提示为止。

③ 关闭"工程变更指令"对话框，可以看到 PCB 编辑界面已经变成如图 7-8 所示，这说明已经完成了原理图更新到 PCB 的操作，迈出了成功的第一步。

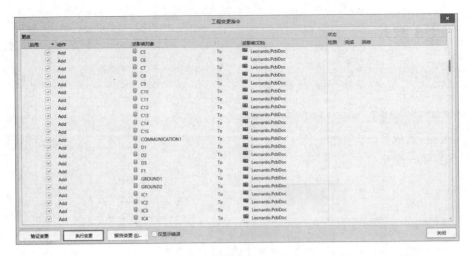

图 7-6　执行更新 PCB 文件

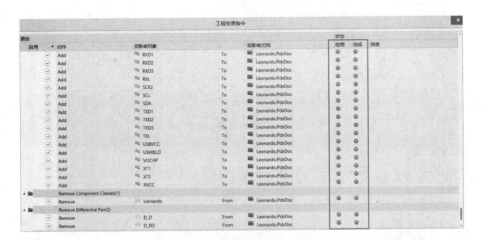

图 7-7　正确更新 PCB 文件

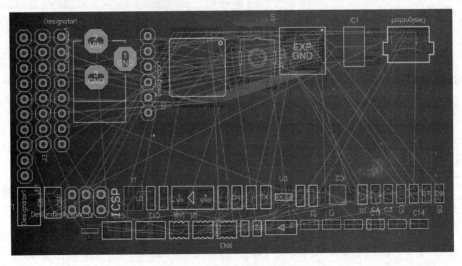

图 7-8　PCB 文件更新完成

7.6 PCB 常规参数设置及板框的绘制

7.6.1 PCB 推荐参数设置

（1）取消不常用的 DRC 检查项。DRC 检查项过多会导致 PCB 布局布线的时候经常出现报错，造成软件的卡顿。如图 7-9 所示，对 DRC 检查项进行设置，将其他检查项关闭，只保留第一个电气规则检查项。

图 7-9　设计规则检查项

（2）调整丝印。利用全局操作将元器件的位号调小放到元件中间，或者先将位号隐藏，方便后面的布局布线，如图 7-10 所示。

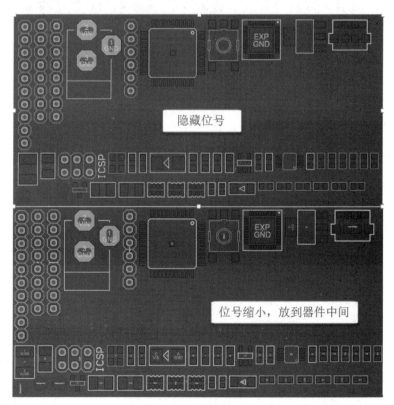

图 7-10　调整丝印

7.6.2 板框的绘制

（1）按照设计要求绘制板框。切换到 Mechanical 1 层，执行菜单栏中"放置"→"线条"命令，或者按快捷键 P+L，绘制一个符合板子外形尺寸要求的闭合框。

（2）选中绘制好的板框线，执行菜单栏中"设计"→"板子形状"→"按照选择对象定义"命令，或者按快捷键 D+S+D 定义板框。

（3）放置尺寸标注。可在 Mechanical 2 层放置尺寸标注。执行菜单栏中"放置"→"尺寸"→"线性尺寸"命令，单位和模式选择（mm），得到的板框效果如图 7-11 所示。

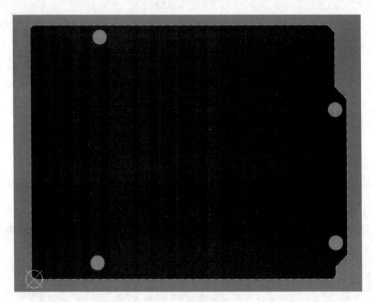

图 7-11　板框效果

7.7　交互式布局和模块化布局

7.7.1　交互式布局

交互式布局就是实现原理图和 PCB 之间的两两交互，需要在原理图和 PCB 中都打开"交叉选择模式"，如图 7-12 所示。

7.7.2　模块化布局

（1）按照项目要求，有固定结构位置的接口或者元件先摆放，然后根据元件信号飞线的方向摆放元件。按照"先大后小""先难后易"的顺序，把元件在板框内大概放好，完成项目的预布局，如图 7-13 所示。

（2）通过"交叉选择"和"在区域内排列器件"功能，把元件按照原理图电路模块分块

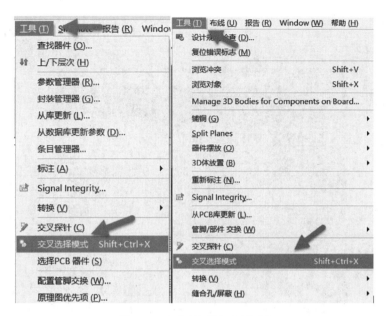

图 7-12　打开"交叉选择模式"

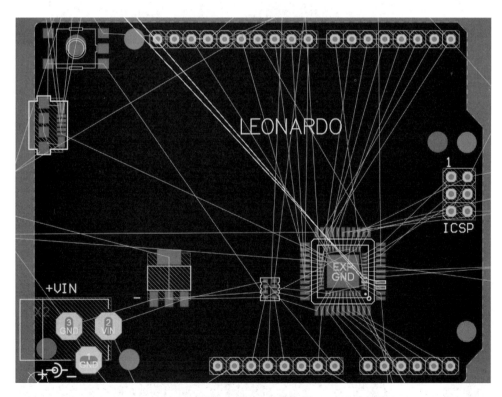

图 7-13　PCB 的预布局

放置,并把其放置到对应接口或对应电路模块附近,如图 7-14 所示。

（3）结合交互式布局和模块化布局,完成整板的 PCB 布局,如图 7-15 所示。布局的时候须遵循以下基本原则：

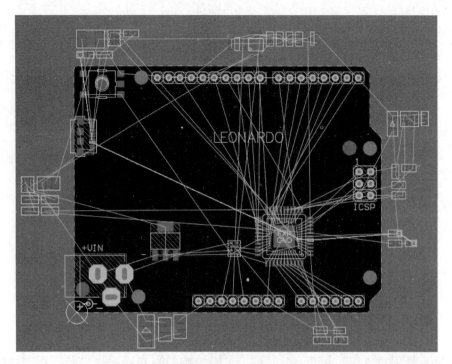

图 7-14　电路模块的划分

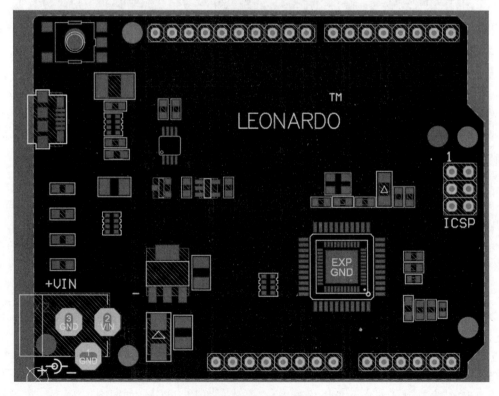

图 7-15　完成 PCB 布局

- 接口元件靠近板边摆放,小元件距离接口元件的距离不要太近。
- 布局考虑走线尽可能短,少交叉。
- 电源模块布局注意输入/输出的方向,电源滤波电容靠近输入/输出位置。
- 滤波电容靠近芯片管脚放置。
- 整板布局要合理分布,整齐美观。
- 模拟电路和数字电路分开。

7.8 PCB 布线

PCB 布线是 PCB 设计中最重要、最耗时的一个环节,这将直接影响到 PCB 板的性能好坏。在 PCB 设计过程中,布线一般有 3 种境界的划分。

首先是布通,这是 PCB 设计的最基本要求。如果线路都没布通,搞得到处是飞线,那将是一块不合格的板子,可以说还没入门。

其次是电气性能的满足,这是衡量一块印刷电路板是否合格的标准。这要求在布通之后,认真调整布线,使其达到最佳的电气性能。

最后是美观。假如布线连了,也没有什么影响电气性能的地方,但是一眼看过去,五彩缤纷、花花绿绿的,显得杂乱无章,那就算电气性能再好,在别人眼里还是垃圾一块。这样会给测试和维修带来极大的不便。布线要整齐规范,不能纵横交错毫无章法。这些都要在保证电气性能和满足其他个别要求的情况下实现,否则就是舍本逐末了。本例全部采用手工布线,下面在 PCB 布线之前先介绍一些常用的规则等设置。

7.8.1 Class 的创建

为了更好地布线,可以对信号网络和电源网络进行归类。执行菜单栏中"设计"→"类"命令,或者按快捷键 D+C,打开"对象类浏览器"对话框。这里以创建一个电源类为例,在 Net Classes(网络类)处单击鼠标右键,在弹出的快捷菜单中执行"添加类"命令,将新类命名为 PWR,然后将需要归为一类的电源网络从"非成员"列表中划分到"成员"列表中,如图 7-16 所示。

7.8.2 布线规则的添加

1. 安全间距规则设置

(1) 按快捷键 D+R,打开 PCB 规则及约束编辑器。

(2) 在左边设计规则列表中选择 Electrical→Clearance,在右边编辑区中设置 All 整板间距规则和 Poly 铺铜间距规则,如图 7-17 所示。

2. 线宽规则设置

(1) 在左边设计规则列表中选择 Routing→Width,在右边编辑区中设置一个常规信号线的线宽规则,这里设置为最小、首选线宽为 6mil、最大线宽为 40mil,如图 7-18 所示。

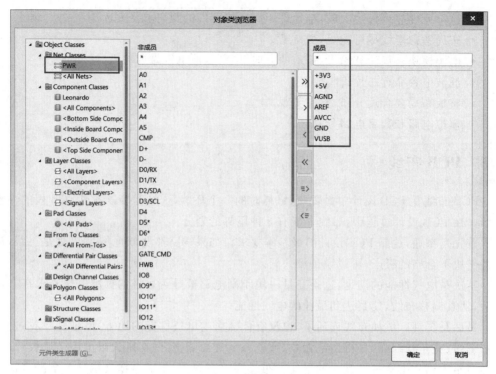

图 7-16 创建 Class

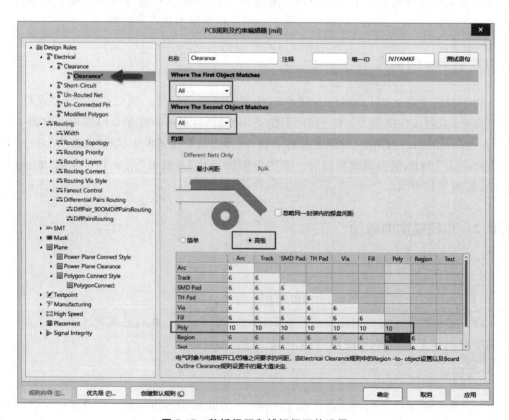

图 7-17 整板间距和铺铜间距的设置

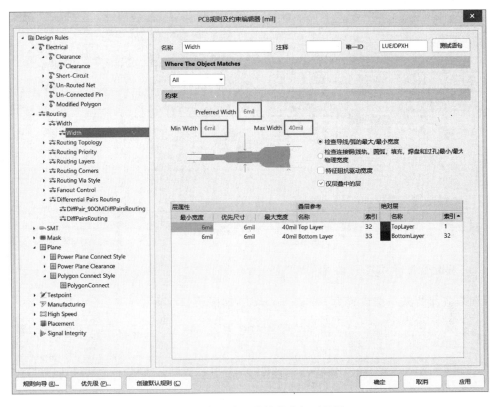

图 7-18　常规信号线的线宽规则设置

（2）创建一个针对电源 PWR 类的线宽规则，因为需要对电源网络进行加粗设置，如图 7-19 所示。

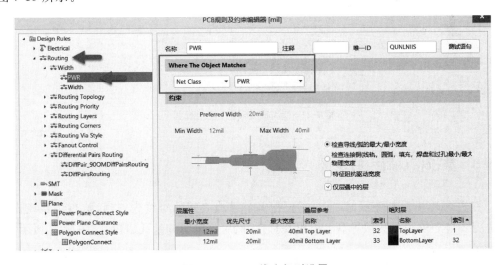

图 7-19　PWR 线宽规则设置

3. 过孔规则设置

在本例中可以采用 10/20mil 的过孔尺寸，过孔尺寸的规则设置如图 7-20 所示。

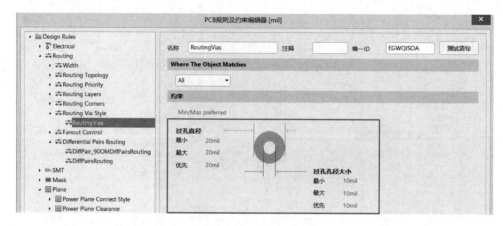

图 7-20　过孔规则设置

4. 铺铜连接样式规则设置

铺铜连接样式一般设置为 Direct Connect，如图 7-21 所示。

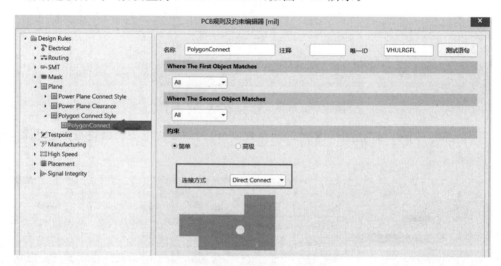

图 7-21　铺铜连接样式规则设置

7.8.3　整板模块短线的连接

在进行 PCB 整板布线时，首先需要把每个模块之间的短线先连通，把布线路径比较远并且不好布的信号线从焊盘上引出并打孔，然后将电源和地孔扇出，如图 7-22 所示。

7.8.4　整板走线的连接

整板布线是 PCB 设计中最重要、最耗时的环节，在本例中全部采用手工布线，整板走线完成后的效果如图 7-23 所示。PCB 布线应该大体遵循以下原则：

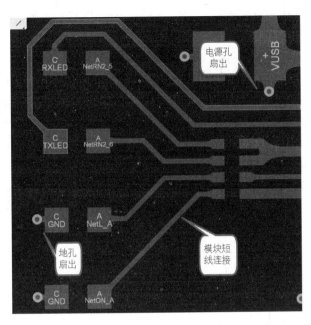

图 7-22　处理模块间的短线

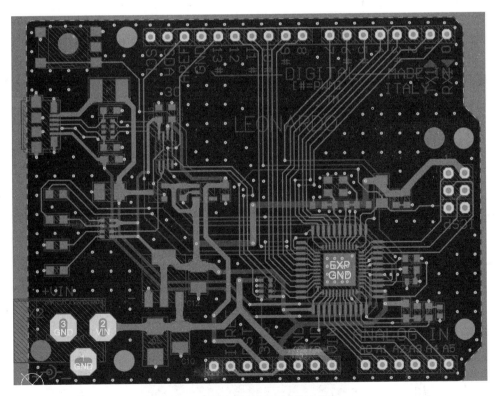

图 7-23　完成整板走线的连接

　　（1）走线要简洁，尽可能短，尽量少拐弯，力求走线简单明了（特殊要求除外，如阻抗匹配和时序要求）。

（2）避免锐角走线和直角走线，一般采用45°拐角，以减小高频信号的辐射（有些要求高的线还要用弧线）。

（3）任何信号线都不要形成环路，如不可避免，环路面积应尽量小；信号线的过孔要尽量少。

（4）关键的线尽量短而粗，并在两边加上保护地；电源和GND进行加粗处理，满足载流。

（5）晶振表层走线不能打孔，晶振周围包地处理。时钟振荡电路下面、特殊高速逻辑电路部分要加大地的面积，而不应该走其他信号线，以使周围电场趋近于零。

（6）电源线和其他的信号线之间预留一定的间距，防止纹波干扰。

（7）关键信号应预留测试点，以方便生产和维修检测。

（8）PCB布线完成后，应对布线进行优化。同时，经初步网络检查和DRC检查无误后，对未布线区域用大面积铺铜进行地线填充，或是做成多层板，电源、地线各占用一层。

7.9　PCB设计后期处理

在整板走线连通和电源处理完以后，我们需要对整板的情况进行走线的优化调整及丝印的调整等。下面介绍常见的处理项。

7.9.1　串扰控制

串扰（Cross Talk）是指PCB上不同网络之间因较长的平行布线引起的相互干扰（主要是由于平行线间的分布电容和分布电感的作用）。可在平行线间插入接地的隔离线，减小布线层与地平面的距离。

为了减少线间串扰，应保证导线间距足够大。当导线中心间距不小于3倍线宽时，则可保持70%的电场不互相干扰。这被称为3W规则。如图7-24所示，调整走线时可以对此进行优化修正。

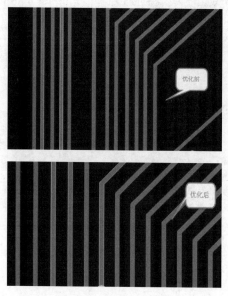

图7-24　走线3W优化

7.9.2　环路最小原则

信号线与其回路构成的环面积要尽可能小,环面积越小,对外的辐射越少,接收外界的干扰也越小。如图 7-25 所示,尽量在出现环路的地方让其面积做到最小。

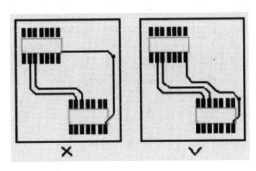

图 7-25　缩减环路面积

7.9.3　走线的开环检查

一般不允许出现一端浮空的布线(Dangling Line),主要是为了避免产生"天线效应",减少不必要的干扰辐射和接收,否则可能带来不可预知的结果,如图 7-26 所示。

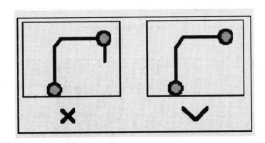

图 7-26　走线的开环检查

7.9.4　倒角检查

PCB 设计中应避免产生锐角和直角,造成不必要的辐射,同时工艺性能也不好。一般采用 45°倒角,如图 7-27 所示。

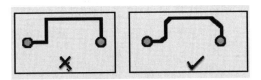

图 7-27　倒角检查

7.9.5 孤铜与尖岬铜皮的修正

为了满足生产的要求,PCB设计中不应出现"孤铜"的现象。可以通过铺铜的属性设置Remove Dead Copper避免出现"孤铜",如图7-28所示。PCB中也应当避免出现尖岬铜皮的情况,这可以通过放置"多边形铺铜挖空"的方式来实现,如图7-29所示。

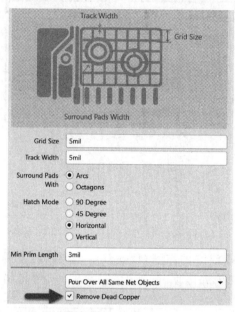

图7-28 移除死铜设置

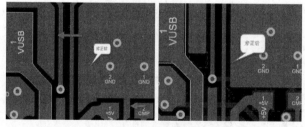

图7-29 尖岬铜皮的修正

7.9.6 地过孔的放置

为了减少回流的路径以及增强层与层之间的连通性,需要在PCB一些空白的地方和信号线打孔换层的地方放置GND过孔,如图7-30所示。

7.9.7 丝印调整

在后期元件装配时,特别是手工装配元件的时候,一般都要输出PCB的装配图,这时候丝印位号就显得尤为重要了。按快捷键L,在弹出的View Configuration面板中只打开对应

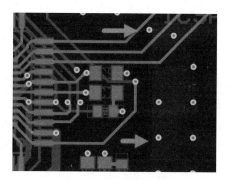

图 7-30   地过孔的放置

的丝印层、Paste 层以及 Multi-Layer 层,方便对丝印进行调整,如图 7-31 所示。

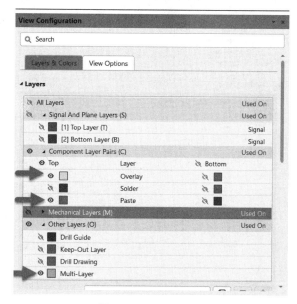

图 7-31   层显示设置

为了使位号清晰,字体大小推荐字宽/字高尺寸:4mil/25mil、5mil/30mil。为了使整板丝印方向一致,一般调整为字母向左或向下,如图 7-32 所示。

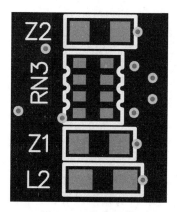

图 7-32   丝印调整

7.10 DRC 检查

通过前面第 6 章关于 DRC 检查的介绍可知,DRC 检查就是检查当前的设计是否满足规则要求,这也是 PCB 板设计正确性和完整性的重要保证。执行菜单栏中"工具"→"设计规则检查"命令,或者按快捷键 T+D,打开设计规则检查器,勾选需要的检测项。一般只勾选第一项,即电气规则检查。检查内容包含间距、短路及开路设置等,其中几项都需要选中,如图 7-33 所示。在 DRC 的 Messages 报告中,查看并更正错误,直到 DRC 报告无错误为止。

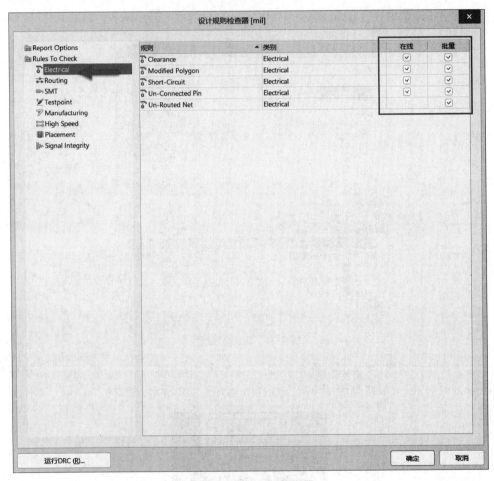

图 7-33 设计规则检查器

7.11 Gerber 输出

PCB 后期走线调整和 DRC 检查都完成后,最后一步就是 PCB 生产资料的输出,按照前文所说的步骤一步一步进行资料的输出即可。

用户在使用 Altium Designer 软件的过程中可能会遇到一些问题,为此本章收集了部分常见问题及其解决方法,以供用户参考。

学习目标:

- 养成整理学习笔记的习惯。
- 掌握常见问题的解决方法。

8.1 原理图库制作常见问题

1. 原理图符号管脚带有电气特性的一端,即管脚热点朝里(如图 8-1 所示),将造成元件在编译时可能会报错;同时,原理图更新到 PCB 后,元件管脚将没有网络,如图 8-2 所示。

2. 如图 8-3 所示,移动原理图元件时,为什么元件管脚会移动?

解:到原理图库中,查看元件的 Pins 属性是否锁定了管脚;也可双击元件,在弹出的 Pins 属性面板中锁定,如图 8-4 所示。

3. 为什么有时候放置元件到原理图,元件没有吸附到光标上(如图 8-5 所示)?

解:绘制元件库时,将元件放到坐标轴原点位置即可,如图 8-6 所示。

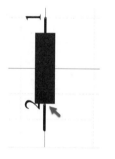

图 8-1 保险丝管脚 2
热点朝里

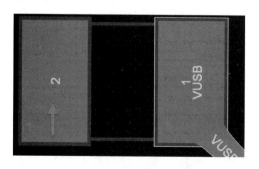

图 8-2 保险丝管脚无网络

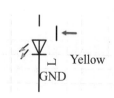

图 8-3 元件管脚移动

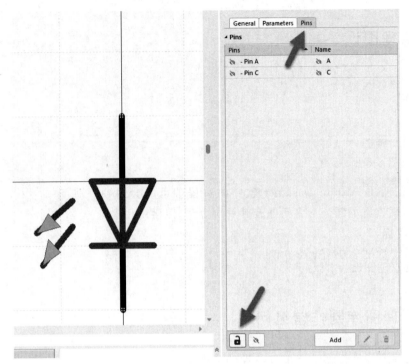

图 8-4　管脚未锁定

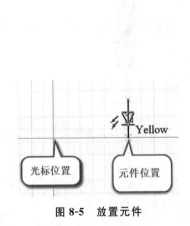

图 8-5　放置元件

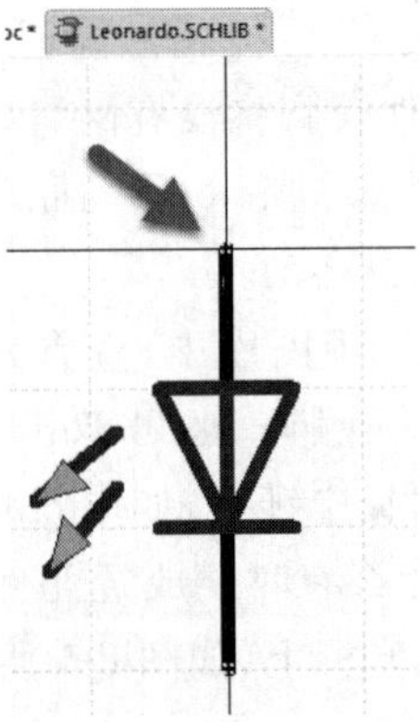

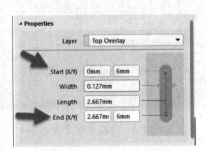

图 8-6　元件置于原点位置

8.2　封装库制作常见问题

1. 尺寸与规格书提供数据不符,造成所制封装与实际元件不符。

2. 如何精确画出指定长度的线条?

解:首先任意画一根线条,然后双击该线条,在弹出的线条属性编辑面板的 Start(X/Y)和 End(X/Y)选项中设置其起始值和终止值,如图 8-7 所示。

图 8-7　线条属性编辑面板

8.3　原理图设计常见问题

1. 放置元件的时候,为什么元件的移动距离很大,不好控制?

解:栅格设置问题,调小一些即可。按快捷键 G,可在 10mil、50mil、100mil 之间切换。原理图当前的栅格设置,在原理图编辑界面左下角可以查看。或者单击工具栏中的"栅格"按钮 **III ▼**,在弹出的下拉列表中选择"设置捕捉栅格"选项,自行设置想使用的栅格大小,如图 8-8 所示。

2. 原理图编辑界面左右两边如 Project、"库"等壁挂式工具栏不小心删除了,如何恢复?

解:单击原理图编辑界面右下角的 Panels 按钮,在弹出的菜单中选择相应命令即可。若 Panels 按钮未显示出来,执行菜单栏中"视图"→"状态栏"命令,或者按快捷键 V+S,即可显示 Panels 按钮。

3. 画原理图时出现不想要的节点(如图 8-9 所示),如何避免?

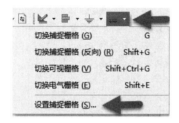

图 8-8　设置栅格大小

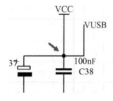

图 8-9　连接节点

解:走线时往外延伸,即不要将相互交错的走线拉到元件管脚热点,如图 8-10 所示。

4. 在绘制原理图时智能粘贴元器件,元件位号不自动加 1,哪里可以设置自动加 1?

解:打开"智能粘贴"对话框,在"粘贴阵列"栏下的"文本增量"选项组中设置,在"首要的"文本框中输入用户需要的文本增量,正数为递增,负数为递减,如图 8-11 所示。

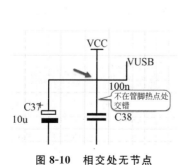

图 8-10　相交处无节点

图 8-11　智能粘贴参数设置

5. 为什么编译命令用不了(如图 8-12 所示),导致无法编译原理图?

图 8-12 编译命令

解:原理图只有在工程中才可以进行编译。

6. 原理图编译的时候,出现 Off grid pin...的错误提示,如何解决?

解:之所以出现这样的错误提示,是因为对象没有处在栅格点的位置上。找到报错的元件,单击鼠标右键,在弹出的快捷菜单中执行"对齐"→"对齐到栅格上"命令(如图 8-13 所示),将元件对齐到栅格上即可。也可以执行菜单栏中"工程"→"工程选项"命令,在 Error Reporting 报错选项中设置 Off grid object 为"不报告"。

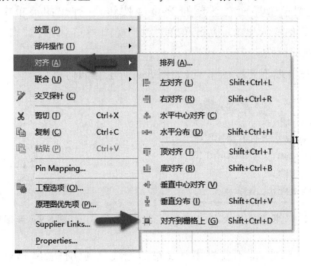

图 8-13 执行"对齐"→"对齐到栅格上"命令

7. 原理图编译时,出现 Net...has no driving source 的警告,如何解决?

解:网络中没有驱动源。与元件管脚属性和原理图的连接方式相关,例如一个管脚属性是 passive,与其连接的管脚属性为 output,就会出现警告;若一个是 output,与其连接的是 input,就不会出现警告。一般此类警告若不进行仿真,在原理图中不影响,可忽略;或者在管脚属性编辑面板中修改一下电气类型即可。

8. 原理图编译时,出现 Object not completely within sheet boundaries 的警告,如何解决?

解:元件超出了原理图的范围。在原理图界面外空白区域双击鼠标左键,在弹出面板的 Formatting and Size 栏下的 Sheet Size 下拉列表框中修改图纸大小即可,如图 8-14 所示。

9. 新建的工程文件,为什么没有原理图更新到 PCB 的 Update 命令?

解:确保每个文件都保存在同一个工程下。

10. 原理图更新到 PCB 中,出现 Footprint Not Found...的问题(如图 8-15 所示),如何解决?

解:没有匹配封装所致,添加封装即可解决。

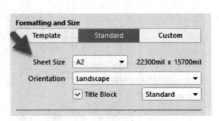

图 8-14 原理图图纸大小更改

图 8-15　封装无法匹配

检查原理图添加的封装名称和 PCB 库的封装名称是否一致。

11. Altium Designer 原理图更新到 PCB，显示 Unknown Pin 错误，如何解决？

解：（1）若是新建的原理图，可考虑元件封装是否匹配，管脚是否对应。

（2）若是修改原理图之后出现报错，可将原来的 PCB 文件删除，新建 PCB，再重新导入。

（3）将 PCB 中的网络全部删除，重新导入。具体方法如下：

① 执行菜单栏中"设计"→"网络表"→"编辑网络"命令，如图 8-16 所示。

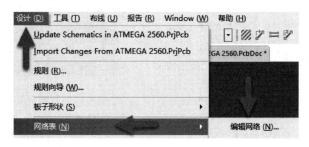

图 8-16　执行"设计"→"网络表"→"编辑网络"命令

② 在弹出的"网表管理器"对话框中任选一个网络，单击鼠标右键，在弹出的快捷菜单中选择"清除全部网络"命令，如图 8-17 所示。

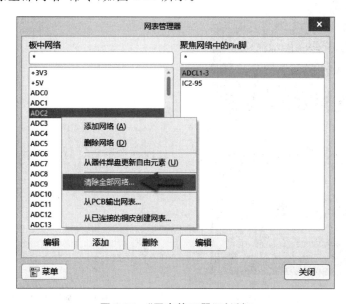

图 8-17　"网表管理器"对话框

③ 弹出 Confirm(确认)对话框,提示删除 PCB 的所有网络,单击 Yes 按钮,如图 8-18 所示。返回"网表管理器"对话框后,单击"关闭"按钮。清除网络的对比效果如图 8-19 和图 8-20 所示。

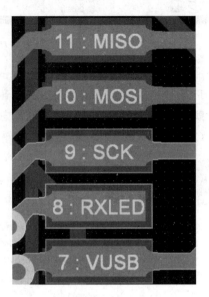

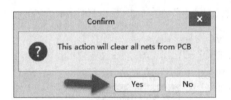

图 8-18　确认操作对话框　　　　　　图 8-19　网络删除前的局部截图

④ 返回原理图,重新导入网络。执行菜单栏中"设计"→Update PCB Document...命令,如图 8-21 所示。在弹出的 Component Links 对话框中,选择 Automatically Create Component Links 选项,如图 8-22 所示。

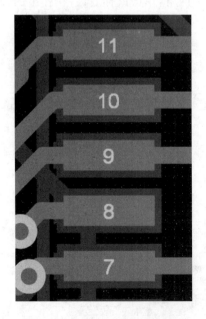

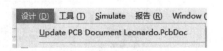

图 8-20　网络删除后的局部截图　　　　图 8-21　网络表导入操作

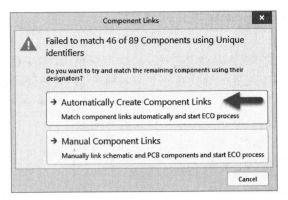

图 8-22　Component Links 对话框

⑤ 在弹出的 Information 对话框中单击 OK 按钮，如图 8-23 所示。在弹出的 Comparator Results 对话框中单击 Yes 按钮，如图 8-24 所示。

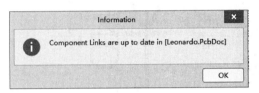

图 8-23　Information 对话框

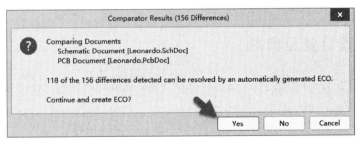

图 8-24　Comparator Results 对话框

⑥ 在弹出的"工程变更指令"对话框中，取消勾选 Add Rooms 选项下的 Add 复选框，单击"执行变更"按钮，状态检测完成之后，单击"关闭"按钮，如图 8-25 所示。至此，网络就全部被重新导入到 PCB 中，Unknown Pin 错误便解决了。

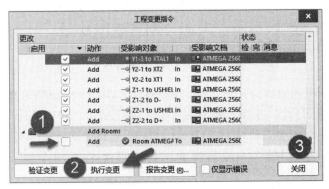

图 8-25　"工程变更指令"对话框

12. 为什么 Altium Designer 19 原理图更新到 PCB 后个别元件无网络?

解:(1) 在原理图中检查是否连接好,比如走线相交的地方有无节点,或者放置的导线是否是具有电气属性的线条(不具有电气属性的线条如图 8-26 所示)。

图 8-26 不具有电气属性的线条

(2) 如果仍然有问题,检查原理图元件管脚和封装的管脚标号是否一致。如图 8-27 所示,原理图元件管脚标号是 A、C,而封装的管脚标号是 1、2。

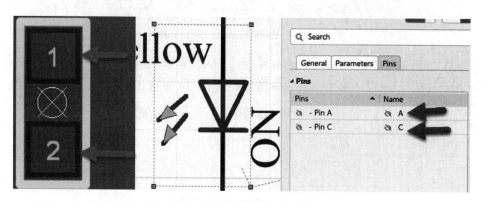

图 8-27 元件符号管脚和封装的管脚标号不一致

8.4 PCB 设计常见问题

1. 定义 PCB 板框时,出现 Could not find board outline using primitives…的错误提示(如图 8-28 所示),如何解决?

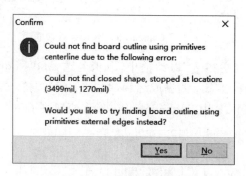

图 8-28 定义板框的错误提示

解:根据提示可知原因为 Could not find closed shape,即板框轮廓没有闭合。检查并完善板框轮廓,保证是一个闭合的区域。然后执行菜单栏中"设计"→"板子形状"→"按照选择对象定义"命令,或者按快捷键 D+S+D,重新定义板框即可。

2. 导入原理图后,有部分元件跑到 PCB 编辑界面外,如图 8-29 所示。如何把元件移回来?

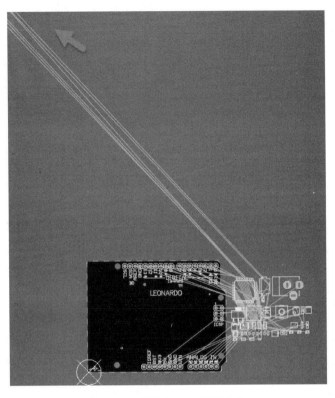

图 8-29　元件在 PCB 界面之外

　　解：(1) 框选视线区域里的所有元件,然后执行菜单栏中"编辑"→"选中"→"区域外部"命令(如图 8-30 所示),或者按快捷键 E+S+O,就可以反选中区域外部的元件。

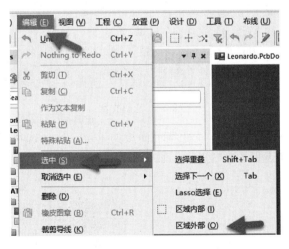

图 8-30　执行"区域外部"命令

　　(2) 单击工具栏中的"在区域内排列器件"按钮 ▦ (如图 8-31 所示),将元件放到 PCB 的可视范围内即可。

　　(3) 或者按快捷键 Ctrl+A 选中所有元件,按 Delete 键删除。回到 PCB 库编辑界面,检查封装的参考点。若偏离元件过远,执行菜单栏中"编辑"→"设置参考"→"中心"

命令(如图 8-32 所示),将参考点设置到元件中心并保存好,然后重新执行导入操作即可。

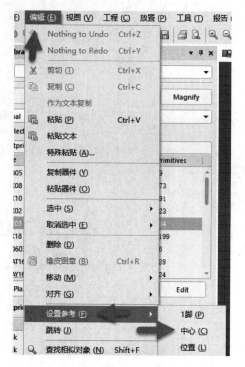

图 8-31　单击"在区域内排列器件"按钮　　　　图 8-32　设置元件参考点

3. AutoCAD 结构导入到 AD 后,文字变成乱码,如图 8-33 所示。如何解决?

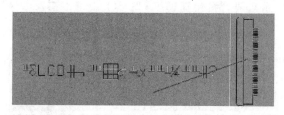

图 8-33　乱码文字

解:双击文字,在弹出的文本属性编辑面板的 Font Type 选项组中单击 True Type 标签,在 Font 下拉列表框中修改字体,如图 8-34 所示。修改之后,文字效果如图 8-35 所示。

图 8-34　字体属性参数

图 8-35　修改后文字效果

4. AutoCAD 结构导入到 AD 后，PCB 出现 The imported file was not wholly contained in the valid PCB…的警告，如何解决？

解：导入的 CAD 图形超出了 AD 的 PCB 所能容纳的范围。根据提示，建议从 AutoCAD 导入的时候，在"定位 AutoCAD 零点(0,0)在"选项组中输入适当的原点坐标，尝试将 CAD 图形放到 PCB 的有效范围内，如图 8-36 所示。

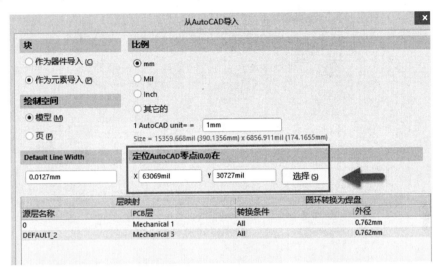

图 8-36　设置零点位置

5. AutoCAD 结构导入到 AD 后，PCB 出现 Default line width should be greater than 0 的警告，如图 8-37 所示。如何解决？

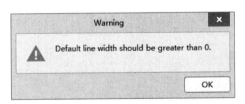

图 8-37　导入结构的警告

解：由警告可知，这是由线宽设置小于 0 所导致的。在"从 AutoCAD 导入"对话框中检查 Default Line Width 是否设置异常，一般设置为 0.127mm 或 0.2mm 即可解决，如图 8-38 所示。

6. 元件导入之后，IC 芯片管脚变绿，怎么解决？

解：这是由管脚间距过小引起的问题，直接更改安全间距规则就可以了，如图 8-39 所示。或者单独对元件的焊盘进行规则设置，如图 8-40 所示。

7. 不小心将 PCB 板弄成了图 8-41 所示的情况，元件像被覆盖住了，无法操作。如何恢复到正常操作界面？

解：这是按了键盘左上角的数字键"1"将二维模式切换到了板子规划模式，按数字键"2"即可切换回来。

8. PCB 板的左上角总是出现一些坐标信息，如图 8-42 所示。如何隐藏？

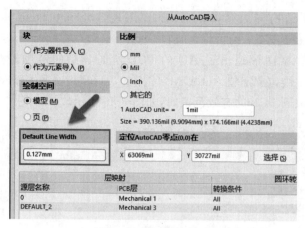

图 8-38 设置默认线宽

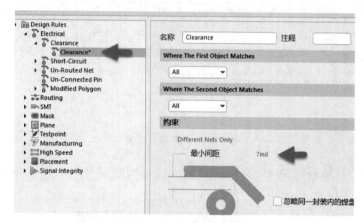

图 8-39 修改安全间距规则

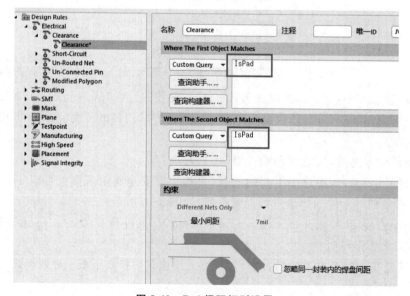

图 8-40 Pad 间距规则设置

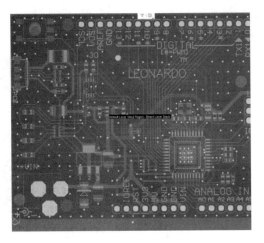

图 8-41　PCB 界面显示异常

图 8-42　坐标显示信息

解：按快捷键 Shift＋H 切换坐标信息的显示和隐藏。

9. 在 PCB 中添加的差分对,每次重新执行原理图更新到 PCB 操作后都会被移除了,有什么方法让它不被移除?

解：在原理图更新到 PCB 时弹出的"工程变更指令"对话框中取消勾选 Remove Differential Pair 复选框即可,如图 8-43 所示。

提示：若不想 PCB 建立的 Class 在重新导入时移除,也可依此方法解决。

图 8-43　取消移除差分对设置

10. 交互式布局的时候,在原理图中选中元件,PCB 中相应的元件和网络都会高亮,如图 8-44 所示。如何操作才能只选中元件?

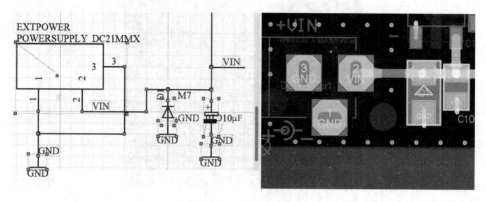

图 8-44　交互式选择

解:在系统参数的优选项中进行修改。按快捷键 O+P,打开"优选项"对话框,在左侧 System 选项卡下选择 Navigation 子选项卡,在右侧的"交叉选择的对象"选项组中只勾选"元件"复选框即可,如图 8-45 所示。

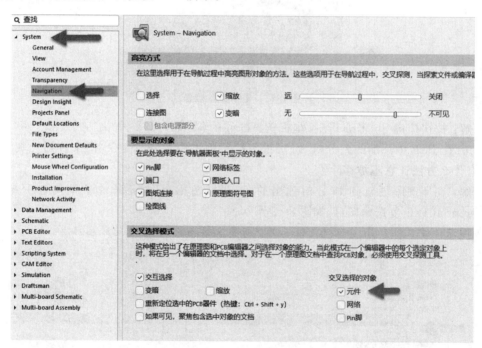

图 8-45　Navigation 子选项卡

11. PCB 中没有显示飞线,如何打开?

解:之所以没有显示飞线,可能是因为存在下面 3 种情况。

(1)飞线被隐藏了。按快捷键 N,在弹出的菜单中执行"显示连接"→"全部"命令,如图 8-46 所示。

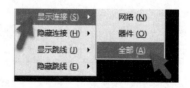

图 8-46　显示飞线

（2）PCB 面板顶部的下拉列表框处于 From-To Editor 状态下，改回 Nets 或者其他状态即可，如图 8-47 所示。

图 8-47　From-To Editor 状态

（3）视图配置里把飞线显示一栏隐藏了。按快捷键 L，显示 Connection Lines 即可，如图 8-48 所示。

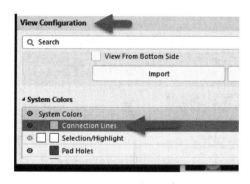

图 8-48　视图配置

12. 在利用 Altium Designer 19 进行 PCB 设计过程中，如何做到将光标放在某条网络线上时会自动高亮此网络线？

解：可在系统参数的优选项中设置。按快捷键 O＋P，打开"优选项"对话框，在左侧 PCB Editor 选项卡下选择 Board Insight Display 子选项卡，在"实时高亮"选项组中勾选"使能的"复选框，如图 8-49 所示。

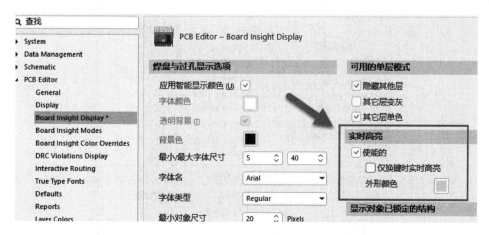

图 8-49　实时高亮设置

13. 布线时自动切换到其他层,比如想在顶层画线,结果走线自动切换到底层,如何解决?

解:按快捷键 Shift＋S 单层显示,再布线就不会出现此类情况。

14. 怎么做到过孔或者元件的精确移位?

解:(1) 先按快捷键 G 或者按快捷键 G＋G 设置栅格大小,然后选中过孔或元件,按 Ctrl＋方向键进行移动。

(2) 也可以按快捷键 M,在弹出的菜单中执行"通过 X,Y 移动选中对象…"命令,在弹出的"获得 X/Y 偏移量"对话框中输入 X/Y 偏移量即可按照相应的数值移动,如图 8-50 所示。

提示:单击"X 偏移量"或"Y 偏移量"右边的"一"或"＋"按钮可设置方向,"＋"为向右或向上,"一"为向左或向下。

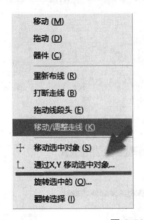

图 8-50　X/Y 偏移量设置

15. 为什么在 Altium Designer 中按 Shift＋空格键没有任何反应,画不了圆角?

解:(1) 输入法的问题,需切换到美式键盘输入法。

(2) 如果切换输入法之后还是画不了圆角,则需要按快捷键 O＋P,打开"优选项"对话框,在左侧选择 PCB Editor 选项卡下的 Interactive Routing 子选项卡,在"交互式布线选项"选项组中取消勾选"限制为 90/45"复选框,如图 8-51 所示。

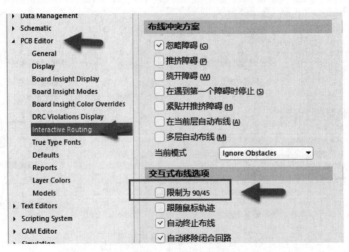

图 8-51　布线参数设置

16. PCB 布线的时候总会不可控制地遗留一个小线头,如图 8-52 所示。如何解决?

解:在 PCB 布线过程中按键盘左上角的数字键"1"即可。

17. 在 Altium Designer 中怎么快速切换层?

解:(1) 利用 Altium Designer 自带快捷键"＊"(键盘右上角的"＊")可以切换层,但是"＊"键只能在当前使用的信号层中进行依次切换。

(2) 按键盘右上角的"＋""－"键可以在所有层之间来回切换。

(3) 利用 Ctrl＋Shift＋鼠标滚轮也可以切换层。

18. 如何将 PCB 的可视栅格改为点状?

图 8-52 遗留线头

解:按快捷键 Ctrl＋G,在弹出的 Cartesian Grid Editor(笛卡尔网格编辑器)面板中进行如图 8-53 所示的设置,将"精细""粗糙"的状态改为 Dots,然后依次单击"应用"→"确定"按钮即可。

图 8-53 Cartesian Grid Editor 面板

19. Mark 点的作用及放置。

解:(1) Mark 点用于锡膏印刷和元件贴片时的光学定位。根据 Mark 点在 PCB 上的作用,可分为拼板 Mark 点、单板 Mark 点、局部 Mark 点(也称元件级 Mark 点)。

(2) 放置 Mark 的 3 个要点如下。

① Mark 点形状:Mark 点的优选形状是直径为 1mm(±0.2mm)的实心圆,材料为裸铜(可以由清澈的防氧化涂层保护)、镀锡或镀镍,需注意平整度,边缘光滑、齐整,颜色与周围的背景色有明显区别。为了保证印刷设备和贴片设备的识别效果,Mark 点空旷区应无其他走线、丝印、焊盘等。

② 空旷区:Mark 点周围应该有圆形的空旷区(空旷区的中心放置 Mark 点),空旷区的直径是 Mark 直径的 3 倍。

③ Mark 位置：PCB 板每个表贴面至少有一对 Mark 点位于 PCB 板的对角线方向上，相对距离尽可能远，且关于中心不对称。Mark 点边缘与 PCB 板边距离至少 3.5mm（圆心距板边至少 4mm），即以两 Mark 点为对角线顶点的矩形，所包含的元件越多越好（建议距板边 5mm 以上）。

（3）在 Altium Designer 19 中放置 Mark 点的方法如下：

① 在板子合适的位置放置焊盘，按 Tab 键，在弹出的属性编辑面板中修改焊盘属性，如图 8-54 所示。效果如图 8-55 所示。

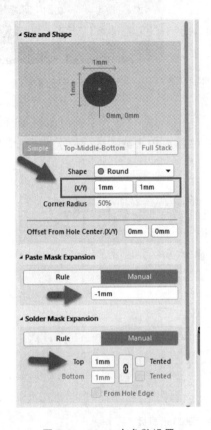

图 8-54　Mark 点参数设置

图 8-55　Mark 点

② 在 Mark 点周边放置禁止铺铜区域。先在 Mark 点周边放置一个线宽 1mil 的圆，如图 8-56 所示；然后选中该圆，执行菜单栏中"工具"→"转换"→"从选择的元素创建非铺铜区域"命令（如图 8-57 所示），或者按快捷键 T＋V＋T，得到一个圆形的禁止铺铜区域；最后把放置的圆删除即可。最终效果如图 8-58 所示。

20. Altium Designer 19 如何在 PCB 中挖槽？

（1）先切换到 Keep-Out Layer，然后执行菜单栏中"放置"→Keepout 命令，绘制想要挖的槽轮廓。此处以圆形为例，效果如图 8-59 所示。

（2）选中该圆，执行菜单栏中"工具"→"转换"→"以选中的元素创建板切割槽"命令（如图 8-60 所示），或者按快捷键 T＋V＋B，即可在 PCB 中挖槽，效果如图 8-61 所示。

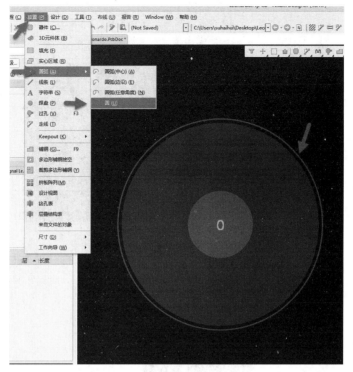

图 8-56　放置圆

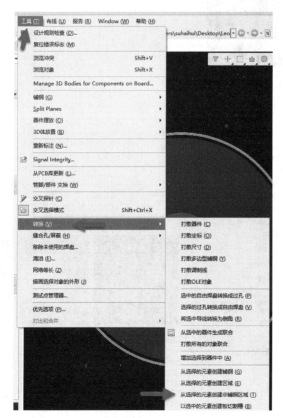

图 8-57　从选择的元素创建非铺铜区域

图 8-58　Mark 点最终效果

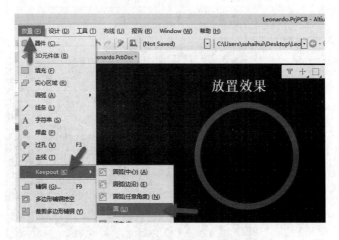

图 8-59　在 Keep-Out Layer 放置圆

图 8-60　以选中的元素创建板切割槽

图 8-61　挖槽效果

21. 布线过程中,出现闭合回路无法自动删除,如图 8-62 所示。能不能通过设置使其自动移除?

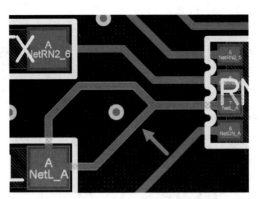

图 8-62 闭合回路

解：按快捷键 O＋P，打开"优选项"对话框，在左侧 PCB Editor 选项卡下选择 Interactive Routing 子选项卡，在"交互式布线选项"选项组中勾选"自动移除闭合回路"复选框，如图 8-63 所示。

图 8-63 自动移除闭合回路设置

22. 如何在布线过程中快速切换布线线宽？

解：（1）在规则中设置好线宽，在布线状态下，按键盘左上角的数字键"3"可快速切换规则设置 Min/Preferred/Max Width 中的 3 种线宽规格。

（2）布线状态下，按快捷键 Shift＋W，在弹出的 Choose Width 对话框中选择需要的线宽即可。Choose Width 对话框中列出的可选线宽可到"优选项"→PCB Editor→Interactive Routing→"偏好的交互式布线宽度"中设置，如图 8-64 所示。

注意：此方法受规则限制，需保证所选线宽规格在 Width 的规则设置范围之内。

23. Altium Designer 中是否有走线的保护带显示？要实现图 8-65 所示的效果，该怎么设置？

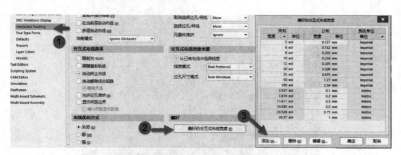

图 8-64　偏好的交互式布线宽度设置

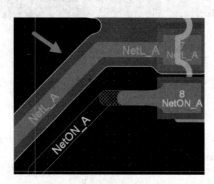

图 8-65　走线边界距离显示

　　解：打开"优选项"对话框，在左侧的 PCB Editor 选项卡下选择 Interactive Routing 子选项卡，在"交互式布线选项"选项组中勾选"显示间距边界"复选框，如图 8-66 所示。

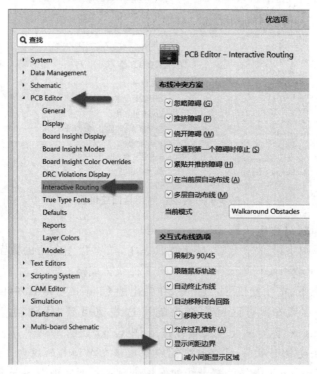

图 8-66　显示间距边界设置

24. 在 3D 状态下旋转板子之后，很难将板子归回原位，如图 8-67 所示。如何快速恢复原状？

正常视图状态　　　　　　　　　　进行旋转后的状态

图 8-67　3D 旋转情况

解：在 3D 视图状态下选择菜单栏中"视图"→"0 度旋转"命令，或者按快捷键 0 即可。

25. 铺铜的时候，同类网络不能一起覆盖，如图 8-68 所示。如何解决？

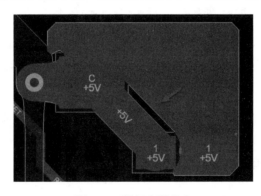

图 8-68　铺铜未覆盖全

解：双击铜皮，查看铺铜的属性设置，选择 Pour Over All Same Net Object 即可。

26. 如何快速进行整板铺铜，而不是沿着板框绘制？

解：执行菜单栏中"工具"→"铺铜"→"铺铜管理器"命令，或者按快捷键 T＋G＋M，如图 8-69 所示。打开 Polygon Pour Manager 对话框，单击"从…创建新的铺铜"右侧的下拉按钮，在弹出菜单中执行"板外形"命令，如图 8-70 所示。在弹出的"多边形铺铜"属性编辑对话框中，根据需要设置好铜皮的连接方式和网络等属性即可。

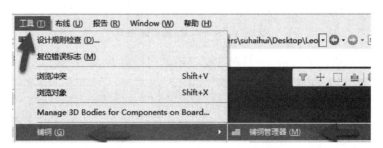

图 8-69　打开铺铜管理器

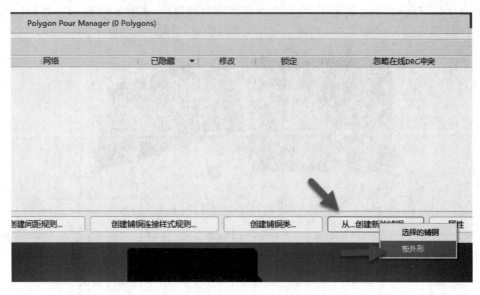

图 8-70　从板外形创建新的铺铜

27. 想要使走线或者铺铜与 Keep-Out 线保持 20mil 的间距，请问如何设置？

解：这属于规则设置问题。按快捷键 D＋R，打开 PCB 规则及约束编辑器，按照图 8-71 所示进行设置即可。

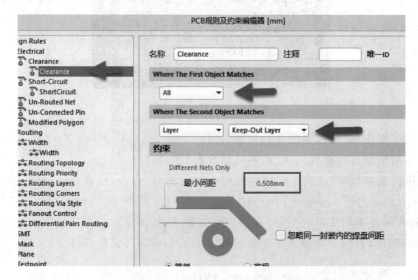

图 8-71　Keep-Out 的间距设置

28. 遇到异形焊盘，出现单个焊盘冲突报错的问题，如何解决？

解：双击元件，先将其原始锁定解除，如图 8-72 所示。然后将异形焊盘的组件都设置为同一网络，再重新锁定即可。

29. 将 Keep-Out 线作为板框使用，当接口元件被放置到板边时就会报错，如何设置让它不报错？

解：在 PCB 规则及约束编辑器中针对这些元件设置间距规则，如图 8-73 所示。

图 8-72 Primitives 解锁

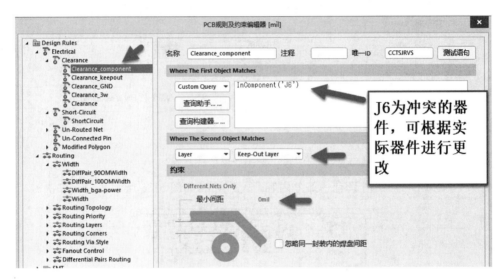

图 8-73 元件与 Keep-Out 的规则设置

30. 铺铜的时候总会有些铜皮灌进元件焊盘之间，如图 8-74 所示。如何设置来避免这种情况，或者把这些铜皮删掉？

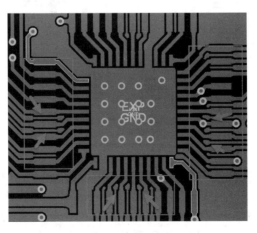

图 8-74 铜皮灌铜情况

解：(1) 执行菜单栏中"放置"→"多边形铺铜挖空"命令,将尖岬铜皮进行挖空删除。
(2) 将铜皮与其他元素对象间距设置得大一些,如图 8-75 所示。

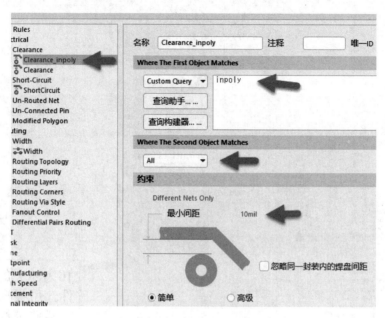

图 8-75　铺铜间距设置

31. 智能 PDF 输出时只有一部分内容,没显示完,如图 8-76 所示。怎么解决?

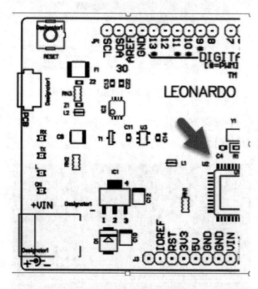

图 8-76　PDF 输出不完整

解：操作问题,输出区域未选对。按图 8-77 所示在 Area to Print 选项组中选中 Entire Sheet 单选按钮即可(下方的 Specific Area 可以输入用户想要输出的范围)。

32. 移动过孔的时候,走线随之移动了,怎么设置让走线不动?

解：打开"优选项"对话框,在左侧 PCB Editor 选项卡下选择 Interactive Routing 子选项卡,在"拖拽"选项组中将"取消选择过孔/导线"设置为 Move,如图 8-78 所示。

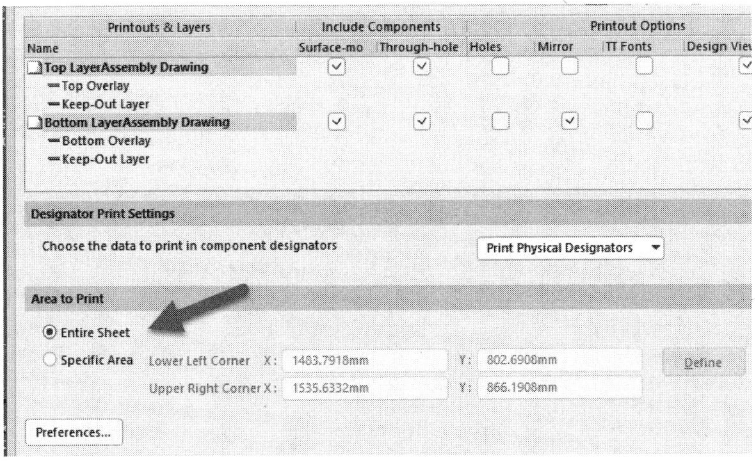

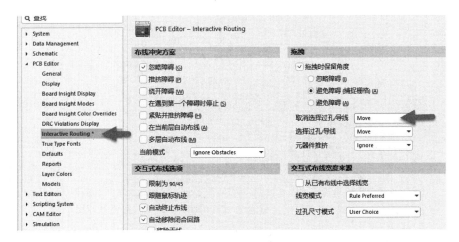

图 8-77　Area to Print 设置

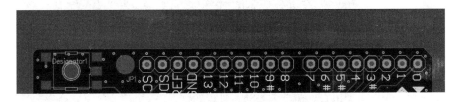

图 8-78　过孔/走线移动方式设置

33. 想要给板边框放置一个尺寸标注,怎么操作?

解：切换到 Mechanical1 层(任意一个机械层皆可),执行菜单栏中"放置"→"尺寸"→"线性尺寸"命令,或者按快捷键 P+D+L。放置尺寸标注,选择起点和终点拖拉即可。放置的过程中按空格键可以改变放置的方向,按 Tab 键可以修改标注的属性,例如可以修改 Unit(单位)和 Format(格式)。放置好后如图 8-79 所示。

图 8-79　放置尺寸标注

34. 如何实时显示布线长度?

解：在布线的过程中按快捷键 Shift+G,即可打开或者关闭实时显示布线长度。

1. Leonardo 开发板的完整原理图

Leonardo 开发板的完整原理图如图 A-1 所示。

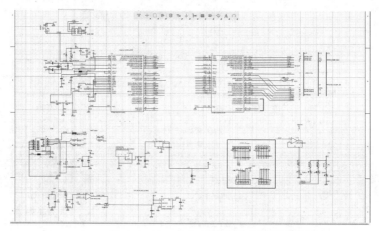

图 A-1　Leonardo 开发板的完整原理图

2. PCB 版图参考设计

PCB 版图参考设计如图 A-2 所示。

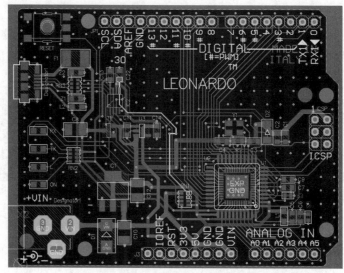

图 A-2　PCB 版图参考设计

3. 三维 PCB 示意图

三维 PCB 示意图如图 A-3 所示。

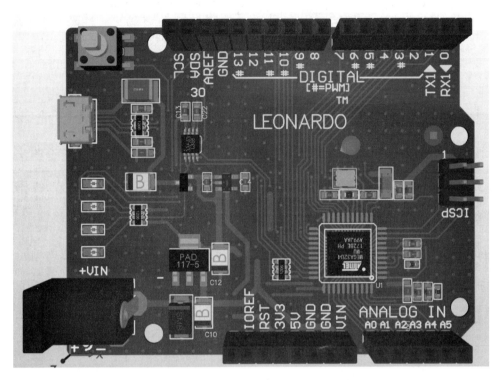

图 A-3　三维 PCB 示意图

图书资源支持

感谢您一直以来对清华大学出版社图书的支持和爱护。为了配合本书的使用，本书提供配套的资源，有需求的读者请扫描下方的"书圈"微信公众号二维码，在图书专区下载，也可以拨打电话或发送电子邮件咨询。

如果您在使用本书的过程中遇到了什么问题，或者有相关图书出版计划，也请您发邮件告诉我们，以便我们更好地为您服务。

我们的联系方式：

地　　址：北京市海淀区双清路学研大厦 A 座 701

邮　　编：100084

电　　话：010-83470236　010-83470237

资源下载：http://www.tup.com.cn

客服邮箱：tupjsj@vip.163.com

QQ：2301891038（请写明您的单位和姓名）

用微信扫一扫右边的二维码，即可关注清华大学出版社公众号。

科技传播·新书资讯

电子电气科技荟

资料下载·样书申请

书圈